EL CONTRATO DIDÁCTICO

EN EDUCACIÓN MATEMÁTICA

Bruno D'Amore
Martha I. Fandiño Pinilla
Ines Marazzani
Bernard Sarrazy

Prólogo y epílogo de *Guy Brousseau*

Traducción de *Deissy Narváez*

El contrato didáctico en educación matemática

© Bruno D´Amore
Martha I. Fandiño Pinilla
Ines Marazzani
Bernard Sarrazy

© Cooperativa Editorial Magisterio
Diagonal 36 Bis No. 20-58 Park Way - Soledad
Bogotá, D.C. - Colombia
PBX: (0571) 338-3605(06)
www.magisterio.com.co

Libro ISBN : 978-958-20-1293-9

Primera edición: 2018

Catalogación en la publicación – Biblioteca Nacional de Colombia

El contrato didáctico en educación matemática / Bruno D'Amore
… [et al.]; prólogo y epílogo de Guy Brousseau. -- 1a. ed. – Bogotá:
Editorial Magisterio, 2018.

208 páginas; 24 cm.

Traducción de Deissy Milena Narváez Ortiz. -- Publicado
originalmente: Bolonia: Archetipolibri, 2010.

ISBN 978-958-20-1293-9

1. Matemáticas - Didáctica I. D'Amore, Bruno, 1946- II. Brousseau,
Guy III. Narváez Ortiz, Deissy Milena, tr.

CDD: 372.7044 ed. 23

CO-BoBN– a1017793

EL CONTRATO DIDÁCTICO

EN EDUCACIÓN MATEMÁTICA

Bruno D'Amore
Martha I. Fandiño Pinilla
Ines Marazzani
Bernard Sarrazy

Prólogo y epílogo de *Guy Brousseau*

Traducción de *Deissy Narváez*

Este libro fue publicado por la editorial Archetipolibri de Bologna, Italia, en el 2010. Fue el resultado de una investigación internacional en el ámbito de los PRIN (Programas de investigación científica de relevante interés nacional), con el título: Enseñar matemática, buenas prácticas y formación de los docentes, año 2008, n. prot. 2008PBBWNT, unidad de investigación de Bologna, NRD, dirigida por Bruno D'Amore, financiado por el Ministerio Italiano de la Instrucción y por la Universidad de Bologna.
Esta edición en español ha sido ampliada por los autores.

Traducción de Deissy Milena Narváez Ortiz.
Revisión lingüística y crítica de Martha Isabel Fandiño Pinilla.

*Para Guy Brousseau,
quien enseñó al mundo todo esto*

Bruno, Martha, Ines, Bernard

ÍNDICE

PRÓLOGO

La didáctica de la matemática: los efectos del "contrato"

Guy Brousseau

Bruno D'Amore ha llevado a cabo, con la ayuda de Martha Isabel Fandiño Pinilla y otros colaboradores, un enorme trabajo de síntesis sobre los fundamentos matemáticos, epistemológicos, lingüísticos y psicológicos de la didáctica de la matemática, con el propósito de presentarlo no solo al público de los investigadores, sino también a los docentes. Este notable esfuerzo no solo es un excelente trabajo de compilación, sino que se amplía y se nutre a la vez del trabajo personal de estos autores.

La obra a la cual tengo el honor de poner el prólogo es parte de esta empresa. Ésta reúne varios de sus artículos que proporcionan una contribución significativa al importante tema, el famoso, pero poco conocido, "contrato didáctico".

Este concepto ha sido objeto de numerosas interpretaciones, confusas e incluso contradictorias, desde su introducción a finales de la década de los años 70.

Para explicar la dificultad de la tarea realizada por los autores, se hace necesario exponer las causas, consecuencias e implicaciones de la confusión en torno a este delicado tema (sobre esto, ver mi epílogo de este mismo libro).

El presente texto muestra de una forma oportuna que son los efectos a largo plazo del contrato los que hacen evidente su importancia, y esto desborda un poco mi responsabilidad. Mi trabajo, repartido en cerca de cuarenta años, siempre fue incompleto y de difícil acceso debido a la amplitud de las investigaciones conexas necesarias, de las cuales habría tenido que esperar los resultados. Este hecho ha llevado a algunos investigadores a utilizar las interpretaciones simples pero falsas de la noción de contrato, para justificar concepciones educativas, que nuestros trabajos denunciaban, sin embargo, como erróneas y peligrosas. Ninguna obra de síntesis sobre esta cuestión se ha publicado hasta ahora, ni siquiera en Francia. El primer mérito de los autores de este libro fue emprender un proyecto que me sentía incapaz de completar con éxito, el segundo ha sido el de lograr llevarlo a cabo exitosamente.

Bruno D'Amore, Martha Isabel Fandiño Pinilla, Inés Marazzani y Bernard Sarrazy se hicieron cargo de los puntos principales presentados en una serie de publicaciones, para mostrar algunas diferencias con la exposición ulterior de otros autores, e ilustran los aspectos importantes, recordando algunos ejemplos y presentando unos nuevos. El resultado es hacer accesible los aspectos esenciales de la teoría del contrato didáctico. Yo los saludo aquí y, al mismo tiempo, saludo su talento, su competencia, su humildad y sobre todo les agradezco. Les doy las gracias por su contribución a un tema que es querido para mí y, sobretodo, por la indulgencia y la amistad que de esta forma ellos me demuestran.

PREMISA

La idea de contrato didáctico se difundió entre las ideas de didáctica de la matemática en los años 80, cuando Guy Brousseau, investigador en este campo, a la luz de su experiencia como docente de escuela primaria en los años 60, reportó el problema a la comunidad de investigadores y docentes. En sus primeros trabajos sobre el tema afirmaba que, en matemática, el reconocimiento y la práctica de conocimientos y de los medios más generales del pensamiento deben acompañar la práctica de las técnicas comunes indispensables.

Era una novedad absoluta, pero se reveló un elemento de gran impacto que cambió la historia de las investigaciones en este campo. La didáctica A (ars docendi, el arte de enseñar) comenzaba a convertirse en B (la epistemología del aprendizaje matemático). Pero tuvieron que pasar veinte años, y el proceso aún no está del todo terminado…

La idea de contrato didáctico fue, sin duda, la más mencionada en el mundo de la bibliografía sobre didáctica producida entre los años 80 hasta el año 2000, en adelante; pero hoy tiende, a veces, a ser un poco evanescente. Tanto es así, que en los cursos de didáctica de la matemática, en los programas de formación en las universidades y en los cursos de capacitación de docentes en servicio, a menudo se da casi por sentado, como si tuviera que estar ya, de entrada, incorporado de alguna manera en los conocimientos adquiridos sin una enseñanza explícita.

Sin embargo, no es así, aunque todo docente, de cualquier grado escolar, se percata de la increíble potencia del medio y la eficacia de su fuerza de análisis de las situaciones reales del aula de clase. Tanto, que otras disciplinas se lo han apropiado.

Así, a distancia de unos 50 años, hemos decidido dedicar un breve ensayo a varias manos a este maravilloso y siempre sorprendente tema, acompañando al lector novato en su conocimiento, para darle, no solo las ideas de base, sino también invitarlo a algunas reflexiones más agudas y modernas, para que tenga la oportunidad de formarse una idea completa. Con este propósito hemos recogido y revisado cinco (5) artículos sobre este tema, con la esperanza de llegar a configurar un producto cómodo para el docente en servicio y para el estudiante en formación como docente, de todo nivel escolar. Sabemos que buscar pasajes de libros y artículos dispersos no siempre es fácil, mientras que disponer de un manual de bolsillo sobre el tema, sí lo es.

En esta breve reseña, hemos decidido afrontar solo un punto de vista muy parcial de la problemática mucho más amplia del complejo y multiforme tema del contrato didáctico; queremos dedicarnos sobre todo a los llamados "efectos", porque nos parecen muy interesantes para un docente no investigador que quiera empezar este tipo de estudios. De hecho, hemos decidido abordar solo algunos de estos efectos, dejando al margen otros, que son sutiles pero de igual interés e intensidad, para no sobrecargar de información al lector y no alargar demasiado el tratamiento. Por ejemplo, evitaremos aquí hablar de los siguientes efectos:

- La *descomposición de los objetivos*, que implica la fragmentación del saber y el abandono de los objetivos de alto nivel taxonómico;
- El *abuso de la analogía* que, a cambio de un aparente éxito en el aprendizaje, conduce a un fracaso;
- La *división de las clases en grupos homogéneos*, que conduce a la individualización;

— La *explicación* y la *ilustración* que conducen al deslizamiento metadidáctico (debatido ampliamente en el artículo:
Brousseau G., D'Amore B. (2008). "I tentativi di trasformare analisi di carattere meta in attività didattica. Dall'empirico al didattico". En: D'Amore B., Sbaragli F. (eds.) (2008). *Didattica della matematica e azioni d'aula.* Atti del XXII Convegno Nazionale: Incontri con la matematica. Castel San Pietro Terme (Bo), 7-8-9 novembre 2008. Bologna: Pitagora. 3-14.

Cada uno de estos, y otros, se pueden encontrar en las diversas obras de Guy Brousseau, quien tiene en curso, precisamente en estos años, la redacción de una vasta obra de recopilación de todo su material de estudio e investigación, precisamente, respecto al tema del "contrato didáctico".

Damos las fuentes de los distintos capítulos del libro:

— El capítulo 1 es una revisión del capítulo 3 del libro: D'Amore, B. (1999). *Elementi di didattica della matematica.* Prólogo de Colette Laborde. Bologna: Pitagora. [Versión en idioma español: D'Amore, B. (2006). *Didáctica de la Matemática.* Prólogos de Guy Brousseau, Colette Laborde y Luís Rico Romero. Bogotá: Editorial Magisterio. Versión en idioma portugués: D'Amore, B. (2007). *Elementos da Didática da Matemática.* Prólogos de Guy Brousseau, Ubiratan D'Ambrosio, Colette Laborde y Luís Rico Romero. São Paulo: Livraria da Física].

— El capítulo 2 está basado en el artículo: D'Amore, B., & Fandiño Pinilla, M.I. (2009). "L'effetto Topaze. Analisi delle radici ed esempi concreti di una idea alla base delle riflessioni sulla didattica della matemática". *La matematica e la sua didattica, 23* (1), 35-59.

— El capítulo 3 está basado en el artículo: Marazzani, I. (2009). "L'effetto Jourdain e l'effetto Dienes. Analisi delle radici ed effetti concreti di una idea alla base delle riflessioni sulla didattica della matemática". *La matematica e la sua didattica, 23*(3), 319-342.

— El capítulo 4 está basado en el artículo: Sarrazy, B. (2009). "Insegnare ed apprendere: un'analisi didattica di alcuni paradossi di una relazione apparentemente contrattuale". En: D'Amore, B., & Sbaragli, S. (2009). *Pratiche matematiche e didattiche in aula.* Actas del congreso nacional: "Incontri con la matematica n. 23". Castel San Pietro Terme, 6-8 noviembre 2009. Bologna: Pitagora. 41-48.

— El capítulo 5 está basado en el artículo: Sarrazy, B. (1995). "Le contrat didactique". *Revue française de pédagogie, 29*(112), 85-118. [Versión en idioma italiano: Sarrazy, B. (1998). Il contratto didattico. *La matematica e la sua didattica, 12*(2), 132-175].

Optamos por presentar la bibliografía específica al final de cada capítulo, para favorecer a quien quiera profundizar en algún tema.

Por último, nos limitamos aquí a dos indicaciones bibliográficas dirigidas al lector que quería incluir esta temática en un conjunto más amplio relativo a la didáctica de la matemática.

1. D'Amore, B. (1999). *Elementi di didattica della matematica.* Citado arriba.
2. D'Amore, B. (2003). *Le basi filosofiche, pedagogiche, epistemologiche e concettuali della didattica della matematica.* Prologo de Guy Brousseau. Bologna: Pitagora. [Versión en idioma español: D'Amore, B. (2005). *Bases filosóficas, pedagógicas, epistemológicas y conceptuales de la Didáctica de la Matemática.* Prólogos de Guy Brousseau y Ricardo Cantoral. México DF, México: Reverté-Relime. Versión en idioma portugués: D'Amore, B. (2005). *Epistemologia e didáctica da Matemática.* Prólogos de Guy Brousseau, Ricardo Cantoral y Ubiratan D'Ambrosio. São Paulo: Escrituras].

CAPÍTULO 1

Qué es el contrato en didáctica de la matemática

1.1. Nacimiento de los estudios sobre el contrato didáctico

En el inicio de los años 70 ingresó en el mundo de la investigación en didáctica de la matemática la idea de *contrato didáctico*, propuesta por Guy Brousseau (IREM Bordeaux, 1978), idea que se reveló inmediatamente fructífera y que fue convalidada definitivamente por tres famosos estudios, dos del mismo Brousseau (1980a, 1980b) y uno de Brousseau y Pères (1981), (el célebre *caso de Gaël*, que describiremos líneas abajo).

Las reflexiones sobre los medios para realizar este proyecto comienzan con la observación de las clases entre 1972 y 1975. Estas surgen en el marco de su curso de III ciclo en 1975 y se convierten en objeto de textos difundidos a partir de 1979, publicados en 1980, y luego, con el estudio de los fracasos electivos y del "caso Gaël".

La idea nació, en efecto, para estudiar las causas del fracaso electivo en matemática, es decir, aquel típico fracaso reservado solo al dominio de la matemática, por parte de los estudiantes que, más o menos, parecen…, arreglárselas con las otras materias.

Gaël es un niño que cursa el segundo año de primaria aunque tiene más de 8 años, la condición en la que los investigadores hallaron a Gaël se describe como sigue:

— en lugar de expresar conscientemente su propio conocimiento, Gaël lo expresa única y exclusivamente en términos que involucran al docente;
— sus competencias no son nunca sus propias competencias personales, sino lo que la docente le ha enseñado;
— sus capacidades estratégicas no son nunca sus propias capacidades, sino lo que (y cómo) la docente ha dicho que debe hacer.

Toda situación didáctica la vive a través del docente, solo hasta que los investigadores obtienen de él –gracias a situaciones a-didácticas–, intervenciones más personales que, finalmente, son mucho más productivas cognoscitivamente.

Fueron los estudios de la segunda mitad de los años 80 los que decretaron el triunfo y la teorización plena de esta idea; estamos pensando, por ejemplo, en trabajos del mismo Guy Brousseau (1986) y de Yves Chevallard (1988a).[1]

La idea, de puro espíritu francés,[2] no era completamente nueva.

---

1   Para una presentación de la idea de contrato didáctico, véase Schubauer-Leoni (1996); para una historia bibliográfica muy bien documentada de la idea de contrato didáctico, véase Sarrazy (1995).

2   Estamos pensando en Jean-Jacques Rousseau [1712-1778] y su *Contrat social* (1762). Es interesante notar que Rousseau escribe que en un contrato no todas las cláusulas se hallan enunciadas: [ellas se hallan] «en todos lados tácitamente admitidas y reconocidas». Una cosa semejante diremos dentro de poco acerca del contrato didáctico. Y no puede no venir a la mente *El Emilio* (1762): «Que nada él sepa por haberlo oído de ustedes, sino solo por haberlo comprendido por sí mismo; que no aprenda la ciencia: que la descubra. Si en su mente ustedes logran sustituir la razón por la autoridad, no razonará más; no será más que el bufón de la opinión de los demás» (p. 215 de la ed. Fr. París, Flammarion, 1996, editado por M. Launay).

En 1973 y en 1974, Jeanine Filloux (1973, 1974) había propuesto la idea de contrato pedagógico para definir algunos tipos de relación entre docente y estudiante.[3]

El de Filloux era un contrato general, más social que cognitivo, mientras el contrato didáctico de Brousseau toma en cuenta, también, tanto los conocimientos en juego (cuya toma en cuenta, como veremos, es esencial para el concepto mismo de contrato didáctico) como la situación escolar. Se trata de lo siguiente:

> En una situación de enseñanza, preparada y realizada por un docente, el estudiante tiene como tarea resolver el problema (matemático) que se le presenta, pero el acceso a esta tarea se hace por medio de una interpretación de las preguntas dadas, de las informaciones proporcionadas y de las obligaciones impuestas que son constantes del modo de enseñar del docente. Estos hábitos (específicos) del docente esperados por los estudiantes y los comportamientos del estudiante esperados por el docente constituyen el contrato didáctico. (Brousseau, 1980a, p. 127; véase también Schubauer-Leoni, 1996, p. 21)

A menudo estas "expectativas" no se deben a acuerdos explícitos impuestos por la escuela o por los docentes, o son concordados con los estudiantes, sino a la concepción de la escuela, de la matemática, a la repetición de modalidades. Volveremos con ejemplos sobre este tema en los apartados 1.3 y 1.4.

---

3 En realidad, desde nuestro punto de vista, existen trabajos de varios autores, difundidos por el mundo, que ya hacían referencia a situaciones que, revisadas hoy, se pueden de alguna manera pensar como anticipadores. En Laing (1969), un texto aparecido en traducción italiana en 1969, pero publicado originalmente tiempo antes en los E.U., se alude a problemáticas análogas (el estudiante que obra no cognitivamente sino relacionalmente, p. 187 y sig.). En Bertin (1968), en la p. 135 de la VI edic., se alude a cuestiones que hoy llamaríamos de explicación del comportamiento del estudiante con base en cláusulas del contrato didáctico. Probablemente, una investigación bibliográfica cuidadosa podría demostrar que, como muchas veces sucede en la historia de las ideas, éstas no se hallan jamás aisladas, en su nacimiento, sino que tienen diferentes ideas predecesoras diseminadas.

1.2. Ejemplos

Dada la increíble variedad de interpretaciones posibles de la idea de contrato didáctico (que explícitamente recordaremos en el apartado 1.5.), no es para nada sencillo dar ejemplos. Nos limitaremos por lo tanto a proporcionar unos cuantos tomándolos de la bibliografía, pero advirtiendo que se trata de ejemplos de niveles muy diferentes entre ellos, seleccionados precisamente para dar la idea de la enorme variedad con la que hoy en día se hace referencia a la idea de contrato didáctico. Es precisamente gracias a esta variedad que esperamos englobar todo lo que hoy pasa bajo esta denominación. Los primeros tres ejemplos son de carácter general y, desde nuestro punto de vista, mucho más cercanos al "contrato social" que al "contrato didáctico".

— **Ejemplo 1** (ligado a la concepción de la escuela, por lo que se halla más cerca del contrato "social" que del "didáctico"). El estudiante considera que la escuela es directiva y exclusivamente calificadora. Es decir, el único fin de la escuela es el de evaluar el rendimiento y capacidad de los estudiantes; por lo que, aunque el docente pida al estudiante escribir *libremente* lo que piensa, por ejemplo acerca de las alturas de un triángulo, el estudiante considera que tiene que hacerlo usando un lenguaje lo más riguroso posible, porque supone que bajo ese pedido existe, de cualquier modo, una prueba, un control. Por lo que no escribirá para nada "libremente" sino que, en cambio, buscará dar la definición que considera ser la correcta, es decir, la que cree que el docente espera. Normalmente, en esta situación, el estudiante usará un lenguaje lacónico y con sintaxis complicada, que tenderá a tener como modelo el lenguaje del libro de texto, el del docente en clase o el de sus compañeros más exitosos, por lo que se reduce a una repetición de enunciados, de definiciones, de reglas a seguir.

— **Ejemplo 2** (ligado a la concepción de la matemática y por lo tanto relativo a un "contrato" más general que el didáctico). El estudiante considera que en matemática se deben hacer cálculos; por lo que, aunque la respuesta a la pregunta propuesta en un problema podría darse solo respondiendo con palabras, el estudiante se siente incómodo y tiende a hacer uso de los datos numéricos presentes en el texto del problema, para dar de cualquier forma una respuesta formal, usando alguna operación, aunque elegida casualmente. Han sido ampliamente documentados casos de estudiantes que, con tal de producir cálculos, escriben operaciones sin sentido, desligadas de los requerimientos del problema, pero que tienen como operadores los datos numéricos presentes en el texto.

— **Ejemplo 3** (ligado a la repetición de modalidades, por así decirlo, "sociales"). Durante tres lunes consecutivos el docente de matemática pide a los estudiantes resolver ejercicios en el tablero; de ahí en adelante el estudiante sabe que todos los lunes será así, una modificación al programa esperado genera sorpresa. Lo mismo vale, por ejemplo, en cuanto a la expectativa de los temas posibles en una prueba de evaluación; si el docente siempre ha hecho únicamente preguntas acerca del programa desarrollado en las últimas clases, no puede, según el estudiante, hacer preguntas sobre argumentos vistos en clase de un pasado más remoto…

El estudio de los diferentes fenómenos de comportamiento de los estudiantes desde este punto de vista ha dado resultados de sumo interés. Hoy, muchos comportamientos considerados hasta hace poco tiempo como inexplicables o ligados al desinterés, a la ignorancia, a la incapacidad lógica o la edad inmadura, han sido clarificados; en la base de esta problemática existen motivaciones mucho más complejas e interesantes.[4]

---

4   El lector puede hallar otros ejemplos significativos en Polo, 1999.

Uno de los estudios más notables es el que se conoce con el nombre de *la edad del capitán*, puesto en evidencia de una manera bastante difundida a través de un libro con ese título, de la psicóloga francesa Stella Baruk en 1985. Aquél libro fue, en realidad, precedido por un célebre estudio publicado en 1980 en Grenoble (IREM Grenoble, 1980) y por un vasto y largo debate acerca de tal resultado y sus interpretaciones. Contaremos en las líneas sucesivas en qué consiste, pero de una forma un poco más personal, tal como lo hemos vivido directamente (D'Amore, 1993b).

En una clase de 4° grado de primaria compuesta por estudiantes de 9-10 años de edad de un importante centro agrícola, hemos propuesto el muy célebre problema (en el cual el capitán se convierte en un pastor):[5] «Un pastor tiene 12 ovejas y 6 cabras. ¿Cuántos años tiene el pastor?». En coro, con seguridad, todos los niños sin excepción y sin ninguna reserva, dieron la respuesta esperada: «18». Frente a la aflicción de la docente, reaccionamos explicándole que se trata de un hecho ligado al contrato didáctico: ella nunca había propuesto problemas sin solución o problemas imposibles (en alguna de las tantas formas de imposibilidad),[6] por lo que los niños habían, por decirlo de una manera simplista, introducido en el contrato didáctico una cláusula (de confianza en el docente, y de imagen de la matemática) del tipo: «Si la docente nos da un problema, ciertamente debe poder resolverse».

Los estudios conducidos por el IREM de Grenoble motivaron a Adda (1987) a acuñar la expresión *efecto edad del capitán* para «designar la conducta de un estudiante que calcula la respuesta de un problema utilizando una parte o la totalidad de los números que se han proporcionado en el enunciado, cuando este problema no tenga una solución numérica» (Sarrazy, 1995).

Tal efecto forma parte de los llamados de *ruptura* del contrato didáctico (Brousseau, 1988; Chevallard, 1988a): si el estudiante se da cuenta de lo absurdo del problema

---

5   Esta "transformación" se halla también sugerida en Brissiaud (1988).

6   Sobre este argumento, véase D'Amore y Sandri (1993).

propuesto, necesita hacerse cargo personalmente de una ruptura del contrato didáctico, para poder contestar que el problema no se puede resolver. En efecto, esta nueva situación contrasta con todas sus expectativas, con todos sus hábitos, con todas las cláusulas puestas en el ámbito de las situaciones didácticas.

El contrato es necesario para dar esperanza, pero es ilusorio.

Este será fatalmente roto: el saber no es lo que se puede suponer antes. El aprendizaje lleva a una renuncia de lo que se creía antes, a lo que la ignorancia hacía suponer. En realidad aquí se insertan al menos otras dos problemáticas conectadas entre sí y vinculadas con el contrato didáctico, pero autónomas, que trataremos de describir rápidamente.

La primera la decimos siguiendo las palabras y las preguntas que se plantean Perret-Clermont, Schubauer-Leoni y Trognon (1992):

Frente a los enunciados de problemas, los estudiantes se han […] acostumbrado a no poner en discusión la legitimidad o la pertinencia de las preguntas del docente, y eso les permite por otra parte funcionar más económicamente teniendo 'de manera natural' confianza en el adulto. De acuerdo con esta lógica todo problema tiene solución y además una solución ligada a los datos presentes en el enunciado. Frente a un problema que no tiene solución, ¿Cómo se comportará el estudiante? Confrontado por la costumbre constantemente repetida de un "contrato didáctico" según el cual el docente no tiene como objetivo 'engañar' al estudiante poniéndole un problema sin solución, el estudiante que cree haber descubierto un fraude en la pregunta del docente, ¿Denunciará la ruptura del pacto en nombre de la lógica del problema? o ¿Asumirá sobre si [sic] mismo la ruptura del contrato, dando en todo caso una respuesta, cueste lo que cueste, aunque sabe desde el inicio que no es correcta o que por lo menos es dudosa? Ahora, el estudio del comportamiento del estudiante frente a problemas a los cuales no se puede dar una respuesta tiene ya una historia en sí misma y una bibliografía inmensa (sobre algún aspecto de esto regresaremos dentro de poco). Aquí era interesante ver el aspecto que liga: las expectativas del estudiante, sus costumbres convertidas en cláusulas del contrato didáctico y la propuesta de un problema imposible, estudiadas por medio del recurso al contrato didáctico.

La segunda problemática se refiere en cambio, más en general, a los modelos conceptuales de "problema" que se hacen los estudiantes. Fundamental con respecto a lo anterior es el largo estudio de Rosetta Zan (1991-1992) realizado con niños de primaria, y al cual haremos referencia.[7] En primer lugar, parece evidente que los niños distinguen el problema *real*, concreto, el ligado a la vida extra-escolar, del problema *escolar*: saben que cuando se dice *problema* en la escuela durante la clase de matemática, no se refiere a problemas reales, sino a problemas artificiales, prefabricados, con todas sus características ya codificadas. Además: «para la mayoría, el problema se caracteriza por medio del tipo de procedimiento que se usa para la solución: es decir se define implícitamente por la necesidad de realizar operaciones» (Zan, 1991-1992), como bien saben todos los docentes del mundo.

Por lo tanto, lo que caracteriza al problema es *la operación* que se necesita realizar para resolverlo, agregando elementos estructurales (una situación, algunos datos numéricos que caracterizan la situación) y algunos elementos variables (el tipo de situación, los protagonistas, los objetos).

De lo anterior «emerge [...] en modo inequívoco que el problema escolar es para los niños el problema aritmético: ¡solo 2 niños de (grado) quinto (de 123) llevan un ejemplo alternativo, en particular un ejemplo geométrico!» (Zan, 1991-1992).

Es de sumo interés para nuestros objetivos ver cuáles son las respuestas de los niños a la pregunta sobre cuáles son los comportamientos que se deben poner en acto durante la resolución de un problema escolar: «En este punto las indicaciones de los niños son unánimes: se necesita leer y

---

7 Este largo artículo es importante, no solo por su contenido, sino también por la rica y abundante bibliografía sobre el argumento específico. Véase también D'Amore (2014).

releer el texto, razonar, estar tranquilos y trabajar por sí solos» (Zan, 1991-1992); las respuestas revelan normas explícitas de un contrato comportamental, evidentemente requeridas (trabajar por sí solos) o sugeridas (leer y releer el texto) por los docentes.

Se ve cómo todo el mundo de la resolución de problemas se halla cubierto tanto de cláusulas normativas de los contratos didácticos o pedagógicos (las normas y las solicitudes) como de cláusulas implícitas, no dichas por el docente, sino creadas poco a poco por los estudiantes sobre la base de recurrencias que han llevado a modelos generales de problema, lo que constituye condicionamientos insuperables.

Quizás conviene decir aquí explícitamente que, con base en lo visto hasta ahora, el contrato didáctico no es una realidad estable, estática, establecida de una vez por todas; al contrario, se trata de una realidad en evolución (Chevallard, 1988a, especialmente de la p. 33 en adelante) que se acompaña de *la historia de la clase*.[8]

También queremos hacer notar que existe una contradicción entre expectativas y declaraciones explícitas de los estudiantes. Muchos estudiantes declaran que el objetivo por el cual el docente da un problema para resolver es el de verificar si los estudiantes saben razonar, como se atestigua en el estudio de Zan (1991-1992); pero después el problema se identifica con su resolución. Valga para todos la respuesta seca que ha dado un niño cuando, impaciente por los requerimientos acerca del razonamiento seguido, declaró con extrema sinceridad: «Lo importante no es entender sino resolver el problema» (hemos recogido este testimonio con un detallado comentario en D'Amore, 1996b).

En el mismo artículo recordábamos otra situación, en la cual, después de haber dado un problema del tipo "edad del pastor", revelábamos a los niños que tal problema no podía resolverse, se suscitaba así la reacción de uno de ellos: «Ah, pero así no vale. Cuando el problema no se puede resolver, la docente nos lo dice. Nos lo debías decir también tú».

---

8 Sobre muchos de los temas aquí tratados de manera rápida, véase D'Amore (1993a, 2014).

Parece lícito hacer varios comentarios.

Por un lado, he aquí otro ejemplo de cláusula no explícita sino creada por la usanza, por el hábito, por la costumbre. «Cuando les doy un problema que no se puede resolver, les advierto, así ponen particular atención», parece haber sugerido (quizás explícitamente) el docente a los niños de este grupo. Eso elimina cualquier factor educativo vinculado a proponer problemas imposibles. Si el docente hubiera incluso solo dicho: «Les advierto que este problema no se puede resolver; a ustedes les pregunto el por qué», habría sido ya otra situación, más educativa.

Otro comentario podría hacerse acerca del sentido que tiene la actividad didáctica de dar en clase problemas de este tipo. Si el objetivo es el de mejorar la calidad de la atención crítica y de la lectura consciente, asegurándose de que: (a) no se instaure el dogmático y restrictivo modelo general de problema evidenciado en el trabajo de Zan (1991-1992); y (b) no se instauren cláusulas no deseadas del contrato didáctico, que podrían ser nocivas;

entonces, advertir a los estudiantes en cada ocasión falsea el objetivo y anula el resultado. Lo ideal es una advertencia general preliminar, si acaso explícita, pero no específica de vez en vez: es decir el estudiante debe saber que le pueden proponer problemas imposibles para resolver y por lo tanto debe saber que será mejor tener los ojos abiertos en cada ocasión.

Resulta espontáneo introducir aquí una nota didáctico-curricular: en programas ministeriales italianos del año 1985 para la escuela primaria italiana se podía leer una invitación explícita a los docentes para que plantearan a los estudiantes problemas en los que faltaran datos, que tuvieran datos de más o que tuvieran datos contradictorios. No se trataba de una maldad fraguada por un burócrata obtuso o insensible, sino de una solicitud para eliminar precisamente estas cláusulas nocivas del contrato didáctico y aquellas ideas malsanas acerca de los problemas escolares: como se sabe, los niños por lo general ni siquiera leen el texto de un problema, sino que se limitan a recorrerlo rápidamente, concentrándose en los datos numéricos y buscando intuir el tipo de operación necesario (sobre este punto existe una amplia bibliografía, por ejemplo la reportada en D'Amore, 1993a). Pero si los estudiantes se comportan así, algo o alguien debe haberlos inducido a este comportamiento… Existen cláusulas nocivas del contrato didáctico que escaparon al control crítico adulto y que, es más, parecen a veces explícitas.

Hay dos interesantes observaciones por hacer:

1. Los *mismos* niños, en un contexto diferente al de la clase, a la misma propuesta de problema, no dan ya necesariamente la misma respuesta, sino que ponen en evidencia la incongruencia entre los datos y el requerimiento.

2. Los estudiantes de un grupo *diferente*, en los cuales el docente ha propuesto varias veces a los estudiantes problemas de este tipo, están acostumbrados a estar vigilantes; saben que cuando el docente da un problema para resolver, se necesita analizar bien el texto. En el caso de "el problema del pastor", los niños contestaron, después de varias sonrisas e intercambios de miradas furtivas entre ellos, con frase irónicas, evidenciando que el problema, tal cual era formulado, no se podía resolver.

Quizás vale la pena observar, de paso, que estas cláusulas y este modelo general de problema forman parte del bagaje cultural del niño también antes de la edad escolar, cuando asisten al preescolar, como hemos probado con una investigación empírica (Baldisserri et al., 1993). (Para todas las cuestiones didácticas concretas ligadas a los problemas en la escuela primaria, en las que aquí no entramos en detalle, remitimos a D'Amore, 1993a, y Martelli et al., 1993).

Para cerrar este apartado, recordamos aún el efecto "edad del capitán" que se puede pensar como una cláusula del contrato didáctico según la cual los datos numéricos presentes en el texto deben tomarse *todos* (mejor *una* y *solo una vez* y posiblemente en el orden en que aparecen) (Chevallard, 1988a, especialmente en las pp. 12-13).[9]

Esto explica el por qué los niños frente a problemas del tipo "del pastor" o "del capitán" no tienen otra posibilidad, ninguna salida: deben contestar usando los datos numéricos. Así, en la prueba del pastor a la que aludimos líneas arriba, los niños sintieron la necesidad de usar los datos numéricos 12 y 6. El único desconcierto era, tal vez, en la elección de la operación por realizar. Ahora, puede ser que la de la adición haya sido una elección casual; pero debe decirse que un niño particularmente vivaz, a nuestra petición de explicar por qué no hizo uso, por ejemplo, de la división, después de un instante de reflexión, explicó: «¡No, es demasiado pequeño!», refiriéndose obviamente a la edad del pastor… Esto quiere decir que una especie de control semántico existe, vigilante: ¿existirá también de manera implícita una especie de control de la coherencia entre todos los elementos en juego? ¿Puede un pastor tener solo 2 años?

Queremos también recordar otra respuesta bastante difundida y que va en la misma dirección; a la pregunta: ¿Cómo razonaste? (o semejantes), algunos niños responden que el pastor tiene 18 años porque desde que nació le regalaron un animal. Se trata, siempre, de dar coherencia a la situación, en el sentido precisado varias veces precedentemente.

Queremos también recordar que la bibliografía internacional acerca de los problemas imposibles es hoy muy rica. Tanto para tener indicaciones metodológicas, como bibliográficas, sugerimos Schubauer-Leoni y Ntamakiliro (1994).

---

9   Por otro lado, este hecho ha sido evidenciado muchas veces por muchos investigadores del mundo entero.

1.3. Más ejemplos y reflexiones acerca del contrato didáctico

En D'Amore (1993a) es relatada una curiosa experiencia. Consideremos el siguiente texto:

Los 18 estudiantes de segundo año quieren hacer una excursión escolar de un día de Bologna a Verona. Deben tomar en cuenta los siguientes datos; 1. Dos de ellos no pueden pagar; 2. De Bologna a Verona hay 120 km; 3. Un autobús para 20 personas cuesta 200.000 liras al día más 500 liras por kilómetro (incluyendo los peajes). ¿Cuánto gastará cada uno?

Inútil decir que se trata de un problema complejo, que se quería efectuar realmente la programación de una excursión, que los estudiantes tendrían que haber discutido el problema y buscado la solución en grupo, etcétera. De hecho, la gran mayoría de los estudiantes, frente a la solución de este problema, por sí mismos cometían un error de manera recurrente: al calcular el gasto de los kilómetros recorridos, multiplicaban 500 por 120, sin tomar en cuenta el regreso. Sobre este punto existe una vasta bibliografía que tiende a justificar este hecho. Una de las justificaciones más recurrentes es una especie de olvido estratégico o afectivo: la ida a una excursión es emotivamente un momento fuerte, el regreso, por el contrario, no lo es tanto.

Para buscar entender mejor la cuestión fragmentamos el problema en varias componentes o fases, con tantas "preguntitas" parciales específicas, pero el error se repetía. Sugerimos entonces a algunos docentes representar las escenas de la ida y del regreso y dibujar los diferentes momentos de la excursión. El caso increíble que encontramos y que se describe en D'Amore (1993a) es el de un niño que dibujó un autobús y debajo de este una doble flecha: en que escribió: «Bologna - Verona 120 km», en la otra «Verona - Bologna 120 km», por lo que existe perfecta consciencia del hecho de que en una excursión existe una ida y un regreso;

pero después el mismo niño, al momento de resolver, utiliza de nuevo solo el dato para la ida.

De este problema se han ocupado Castro, Locatello y Meloni (1996). Ellos han verificado cómo los niños no se sienten autorizados a usar un dato que no aparece en el texto. Encontraron niños que, en entrevistas sucesivas a la ejecución del test, puestos frente a la problemática del cálculo del gasto del regreso, afirmaron «… pero si tú querías también el regreso debías escribirlo», «el regreso no me pasó por la cabeza, no existe en el texto una frase para el regreso, era mejor ponerla»; muchos hablan de los datos, de los números: «Para resolver se deben usar los números del problema» (es decir los datos que aparecen explícitamente en el texto) (Castro, Locatello & Meloni, 1996). El análisis hecho por estos Autores es muy detallado y a este remito a quien estuviera interesado; me interesa poner en evidencia otra consideración que surge de estos estudios sobre el contrato didáctico: cuenta poco el sentido de lo pedido, lo que cuenta es hacer uso de los datos numéricos explícitamente propuestos como tales.

En este sentido se puede leer el comportamiento de los estudiantes frente a un célebre problema de Alan Schoenfeld (1987a): «Un autobús del ejercito transporta 36 soldados. Si 1128 soldados deben transportarse en autobús al campo de entrenamiento, ¿Cuántos autobuses deben usarse?». Es bien conocido que de los 45000 estudiantes de quince años estudiados por Schoenfeld, solo menos de un cuarto (el 23%) logró dar la respuesta esperada: 32. El objetivo declarado por el autor en este artículo era discutir sobre metacognición (tema sobre el cual regresaremos más adelante).

A distancia de varios años quisimos analizar de nuevo la misma situación (D'Amore & Martini, 1997) y hallamos algunas novedades. La prueba se desarrolló en varios niveles escolares, dando la libertad a los estudiantes de usar o no la calculadora. Tuvimos muchas respuestas del tipo: 31.333333 sobre todo por parte de quien usaba la calculadora; otras respuestas fueron: $31.\overline{3}$ y 31.3. El control semántico, cuando existe, lleva a algunos a escribir 31 (los autobuses «no se pueden partir»), pero muy pocos se sienten *autorizados* a escribir 32.

Nuestro trabajo es complejo, porque analiza varias cuestiones. Pero aquí solo queremos evidenciar algunas cláusulas de contrato didáctico:

El estudiante no se siente autorizado a escribir lo que no aparece: si incluso hace un control semántico acerca de los autobuses como objetos no divisibles en partes, eso no lo autoriza a escribir 32; existe incluso quien no se siente autorizado ¡ni siquiera a escribir 31! No se puede hablar simplemente de "error" por parte del estudiante, a menos que no se entienda por este la incapacidad de controlar, una vez obtenida la respuesta, si es semánticamente coherente con la pregunta propuesta; pero entonces se activa otro mecanismo: el estudiante no está dispuesto a admitir el haber cometido un error y prefiere hablar de un "truco", de una "trampa"; para el estudiante un error matemático o en matemática, es un error de cálculo o asimilable a un error de cálculo, no de tipo semántico.

Una cláusula del contrato didáctico que entra en juego es la que llamamos: de *delegación formal*; el estudiante lee el texto, decide que la operación a efectuar es la división y que los números con los cuales debe operar son, en ese orden, 1128 y 36; a este punto aparece la cláusula de la delegación formal: ya no le corresponde al estudiante razonar y controlar; sea que haga los cálculos a mano, tanto más si se hace uso de la calculadora, se instaura la cláusula de delegación formal que lleva al estudiante a desentenderse de las facultades racionales, críticas, de control: el empeño del estudiante se terminó y ahora es responsabilidad del algoritmo o mejor aún de la máquina; la tarea sucesiva del estudiante será la de transcribir el resultado, cualquier cosa sea y sin importar lo que esta signifique.

Por otra parte, que el estudiante no tenga interés en controlar las incoherencias internas de su propia operatoria ha sido ya muchas veces puesto en evidencia por la investigación internacional; véanse al respecto los trabajos de Schoenfeld (1985), Tirosh (1990), Tsamir y Tirosh (1997), D'Amore y Martini (1998).

1.4. Un ulterior ejemplo

Estudios profundos acerca del contrato didáctico han permitido revelar precisamente que los niños y los jóvenes tienen expectativas particulares, esquemas generales, comportamientos que nada tienen que ver en estricto sentido con la matemática, pero que dependen del contrato didáctico instaurado en clase.

Veamos un ulterior ejemplo, aún relativo a una investigación sobre los problemas con falta de datos y sobre las actitudes de los estudiantes frente a problemas de este tipo (D'Amore & Sandri, 1988). Se presenta un texto propuesto en 3° grado de escuela primaria (estudiantes de 8-9 años) y en 7° grado (estudiantes de 12-13 años): «Giovanna y Paola van al mercado; Giovanna gasta 10000 liras y Paola gasta 20000 liras. Al final ¿Quién tiene más dinero en la bolsa, Giovanna o Paola?».

He aquí un prototipo del patrón de respuestas más difundidas en 3° grado de primaria; escogemos el protocolo de respuesta de Stefanía, que citamos exactamente como lo redactó la estudiante:

Stefanía:
En la bolsa le queda más dinero a Giovanna
$$30 - 10 = 20$$
$$10 \times 10 = 100$$

La respuesta «Giovanna» (58.4% de tales respuestas en 3° grado de escuela primaria) se justifica por el hecho que (como ya hemos abundantemente ilustrado) el estudiante considera que, si el docente da un problema, *debe poderse resolver*, por lo que, aunque se debiese dar cuenta que falta el dato de la cantidad inicial, se lo inventa *implícitamente* como sigue: «Este problema *debe* poder resolverse; por lo que, quizás Giovanna y Paola salieron con la misma cantidad». En ese caso *la respuesta es correcta*: Giovanna gasta menos y por lo tanto le queda más dinero, y eso justifica la primera parte escrita (en palabras) de la respuesta de Stefania. Después de esto se activa otro mecanismo ligado a otra cláusula (del tipo: imagen de la matemática, expectativas presupuestas por parte del docente): «No puede bastar esto, en matemática se debe siempre calcular, la docente lo espera de seguro». A ese punto, el control crítico fracasa y, como hemos visto, cualquier cálculo está bien…

Hemos llamado a esta cláusula del contrato didáctico: *exigencia de la justificación formal* (EJF), estudiándola en varios detalles.

Tal cláusula Ejf se manifiesta frecuentemente también en la escuela secundaria (de 6° a 8° grado). El porcentaje de respuestas «Giovanna» baja del 58.4% (de 3° grado de escuela primaria) al 24.4% (7° grado); pero solo el 63.5% de los estudiantes de 7° grado revela en algún modo la imposibilidad de dar una respuesta; por lo que el 36.5% da una respuesta: más de la tercera parte de cada grupo.

He aquí un prototipo de respuesta dada al mismo problema en 7° grado; seleccionamos el protocolo de respuesta de una estudiante, reportándolo exactamente como la produjo.

Silvia:
Para mí, quien tiene más dinero en la bolsa es Giovanna
[después corregido a Paola]
Porque:
Giovanna gasta 10.000 mientras que Paola gasta 20.000

10.000	20.00
Giovanna	Paola
20000-10000=10000	10000 + 10000 = 20000
dinero de Giovanna	dinero de Paola

En el protocolo de Silvia se reconocen en acción las mismas cláusulas del contrato didáctico puestas en marcha en el protocolo de Stefania, pero su análisis es más complejo. En primer lugar, se nota un intento de organización lógica y formal más elaborado. Silvia al inicio escribe «Giovanna» porque razonó como Stefania; pero, después, a causa de la cláusula de EJF, considera *tener* que producir cálculos; es probable que Silvia se dé cuenta, aunque en modo confuso, que las operaciones que está haciendo se hallan desligadas del problema, las hace solo porque considera *tener que hacer* algún cálculo. Pero, por cuanto absurdas, termina con asumir tales operaciones como si fueran plausibles; tan es así que, dado que de estos cálculos insensatos obtiene un resultado que contrasta con el dado de forma intuitiva, a este punto prefiere violentar su propia intuición y acepta lo que obtuvo por «vía formal». Los cálculos le dan «Paola» como respuesta y no «Giovanna», como había intuitivamente supuesto al inicio; y por lo tanto cancela «Giovanna» y en su lugar escribe «Paola». No solo la nociva cláusula del contrato didáctico, sobre todo la cláusula EJF, sino también una imagen formal (vacía, nociva) de la matemática ha ganado, derrotando la razón.

Desde nuestro punto de vista este ejemplo se revela más bien interesante, en su sencillez, porque en las respuestas dadas por los estudiantes son evidentes, incluso, los signos de la costumbre que se citaba anteriormente (Balacheff, 1988a).

1.5. Diferentes acercamientos a la idea de contrato didáctico

Podemos pensar el contrato didáctico como un conjunto de reglas con verdaderas y propias *cláusulas*, la mayoría de las veces no explícitas y muchas veces –incluso–, no realmente existentes, sino creadas por las mentes de los personajes involucrados en la acción didáctica, para volver coherente un modelo de escuela, o de vida escolar, o de saber. Estas cláusulas organizan las relaciones entre el contenido enseñado, los estudiantes, el docente y las expectativas (generales o específicas), en el interior del grupo en las clases de matemática.

Otra forma de ver las cosas, también, para comprender mejor los vínculos entre docente, estudiante y saber, nos la ofrece Chevallard (1988b):

> Concretamente, docente y estudiantes se hallan juntos (al inicio del año) alrededor de un saber precisamente establecido (por el programa anual). Contrato de enseñanza (que obliga al docente), contrato de aprendizaje (que obliga al estudiante), se sabe que el contrato didáctico "obliga" también al saber: está aquí todo el tema de la transposición didáctica del saber que he ya desarrollado en otro momento.[10] Además y sobre todo, las cláusulas del contrato organizan las relaciones que estudiantes y docente establecen con el saber. El contrato regula detalladamente la cuestión. Toda noción enseñada, toda tarea propuesta se halla sometida a su legislación.

Ahora, con el pasar de los años, el contrato didáctico, a partir de su idea original, ha sido más y más veces reinterpretado por varios autores, a veces, como declara también Sarrazy (1995), con modalidades y acercamientos incluso *muy* diferentes entre ellas; algunos de ellos, debe decirse que son más bien diferentes de la idea original, pero forman ahora parte de la literatura.

Podemos distinguir una *aproximación antropológica*, en la cual «el contrato didáctico se considera muchas veces como un acto simbólico por medio del cual el niño se convierte en sujeto didáctico al interior de la institución escolar» (Sarrazy, 1995).[11] Esta aproximación tiene como válido exponente a Chevallard, el cual escribe (1988b) que «el primer contrato didáctico es un contrato social, el origen del cual se sitúa en el proyecto social de enseñanza» y por lo tanto llama en causa no solo al estudiante, al docente y a la institución,

---

10 Y aquí Chevallard cita a Chevallard (1985)
11 Es quizás este acercamiento el que entre todos se reconduce mayormente a las anticipaciones de Filloux.

sino también al saber por enseñar. Sobre este punto fundamental insiste mucho también Blanchard-Laville (1989): «El contrato didáctico no es un contrato pedagógico general. Éste depende estrictamente de los conocimientos en juego».

La necesidad de hallar no solo intersecciones comunes sino también diferencias específicas entre contrato didáctico y contrato pedagógico, ha impulsado a formular las ideas de meta-contrato y de costumbre, hábito, usanza (*coutume*).

El meta-contrato se define como «el conjunto de las cláusulas que administran, en un dado campo, toda adhesión a un contrato y que aseguran su eficacia, sin importar cuáles son los contenidos particulares» (Chevallard, 1988a, p. 58).

Dicho en otras palabras, se trata de identificar lo que «más allá de las rupturas de contratos sucesivos y de sus contenidos específicos, quedaba sin variación y permitía la progresión didáctica» (Sarrazy, 1995).[12]

El hábito fue introducido por Balacheff (1988a) a propósito de un estudio sobre una idea extremadamente difundida entre los estudiantes (se trata en modo específico de lo siguiente: entre más grande es un triángulo, más grande es la suma de las amplitudes de sus ángulos internos). Al examinar las variaciones en la negociación sobre el contrato didáctico en una actividad vinculada a la discusión sobre tal idea, Balacheff afirma haber notado en el grupo, en el que había explicitado las reglas de funcionamiento social, que tales reglas parecían derivar de un orden más profundo y más permanente de las ligadas al contrato didáctico como si existiese un hábito, es decir «un conjunto de prácticas obligatorias […] de manera de actuar establecida por el uso; la mayor parte de las veces implícitamente» (Balacheff, 1988a, p. 21).

Esta idea tiene gran relevancia porque explica la estabilidad que se puede observar en clase, cuando se cambian contratos (por ejemplo si se pasa de situaciones didácticas

---

12 Es de sumo interés, desde este punto de vista, la situación didáctica descrita en Sarrazy (1995); en la descripción de tal situación se tiene un muy claro ejemplo de meta-interpretación por parte del estudiante de la tarea propuesta por un docente. A las preguntas del docente relativas a la tarea, el estudiante responde no resolviendo la tarea que tiene en mente el docente, sino interpretando las motivaciones que empujaron al docente a poner las preguntas de una determinada forma.

a situaciones a-didácticas) o si se cambian algunas cláusulas del contrato.

Señalamos ahora lo que Sarrazy llama una *aproximación* del contrato didáctico *hacia la ingeniería didáctica*. Por ingeniería didáctica se entiende un «medio de acción sobre el sistema de enseñanza, como una metodología de investigación» (Sarrazy, 1995). En este sentido «la ingeniería didáctica se constituye como una metodología de investigación que se aplica tanto a los productos de enseñanza basados o derivados de ella; como a la metodología de investigación para guiar las experimentaciones en clase» (Farfán Márquez, 1997, p. 13).

Este acercamiento el contrato didáctico parece tender a ser un medio para integrar las acciones del docente al análisis didáctico (Douady, Artigue & Comiti, 1987).

Distinguimos ahora un *acercamiento psicosociológico* del contrato didáctico; se usa remitir este tipo de estudios a Brossard (1981), quien observó cómo existían ciertos estudiantes más hábiles en decodificar las intenciones del docente, anticipando con mayor eficacia sus preguntas. Esto ha incitado a análisis diferenciales del contrato, a acentuar los procesos inter e intra-individuales de la adquisición de los conocimientos, buscando integrar:

- el papel del *sujeto* en la situación de interacción (Drozda-Senkowska, 1992);
- la naturaleza del *objeto* mismo sobre el cual se basa la interacción (Schubauer-Leoni, 1986, 1988a, 1988b, 1989);
- el *contexto* de la interacción (entendido como lugar físico o simbólico) (Krummehuer, 1988).

Distinguimos ahora una aproximación al contrato didáctico a través de *paradigma etnográfico*. Tal acercamiento se ocupa de los hechos que suceden en actividades didácticas, tal «como aparecen, por ellos mismos, buscando describirlos, entenderlos, confrontarlos y explicarlos, sin basar en ellos un juicio normativo y sin pensar necesariamente en la aplicación» (Erny, 1991).

El salón de clase se ve, entonces, como un lugar de acciones y relaciones, una de las cuales es aprender, pero no es la única. Es entonces necesario que el estudiante aprenda –sí–, pero sobre todo que aprenda su «oficio de estudiante» (Sirota, 1993; Perrenoud, 1994). Nos hallamos en pleno ambiente etnográfico: las relaciones entre análisis, conducidas en este tipo de ambiente, y el contrato didáctico se hallan evidenciadas por Coulon (1988) y Marchive (1995). Aún en las múltiples diferencias en este tipo de acercamiento entre los diferentes autores (subrayadas con abundancia de particulares por Sarrazy, 1995), la constante es que el estudiante se considera un actor que participa en la interpretación de la cultura y que vive y determina el contexto en el cual actúa.

Esto nos lleva a tomar en gran consideración, en este acercamiento, el así llamado currículo oculto y su divergencia con respecto al currículo prescrito en la práctica didáctica (Perrenoud, 1988, 1994).[13]

Además de los estudios en los cuales el contrato didáctico se refiere al saber, el docente y el grupo entendidos en su *colectivo*, existen autores que han examinado contratos, por así decirlo, *individuales*. Supongamos que identificamos una dificultad escolar en la siguiente motivación: hay una diferencia entre las expectativas implícitas del docente y el comportamiento de los estudiantes, de un determinado estudiante; estando así las cosas, bastaría explicitar a este solo estudiante las expectativas que el docente tiene sobre él, el comportamiento que se espera que él siga:

«Es indispensable por lo tanto sustituir aquí, al contrato tácito y único que ligaba al docente con todo el grupo, por los contratos individuales y diversificados que comprometen a cada estudiante, precisando exactamente lo que esperamos

---

13 También sobre el concepto de currículo oculto existen varias interpretaciones. La primaria consiste en el conjunto de pseudo-reglas o de los pseudo-conceptos elaborados por los estudiantes, sus malentendidos a partir de las reglas y de los conceptos comunicados por el docente y no del todo comprendidos. Pero la idea original consistía en aprendizajes de tipo meta, clandestinos, específicos de una dada comunidad – clase (aprender a esperar antes de contestar; valorar las respuestas de los demás...) que no son cláusulas de un contrato explícito. Preferimos no entrar demasiado en detalles y remitir a Perrenoud (1994).

de ellos y las ayudas con las que pueden contar» (Meirieu, 1985, p. 156).

Algunos de los estudios en este sector, han llevado a desarrollar una especie de guías metacognitivas (Cauzinille-Marmeche & Weil-Barais, 1989; Paour, 1988; Colomb, 1991; Peltier, Bia & Maréchal, 1995).

Lo que queríamos presentar tanto en los ejemplos de los párrafos precedentes como en el rápido e incompleto carrusel contenido en este apartado, era un panorama de las increíbles diferencias y de la enorme variedad que se encuentra hoy en día en la literatura el término "contrato didáctico". Desde nuestro punto de vista, un investigador que busca servirse de este instrumento debe cumplir una elección terminológica, en un cierto sentido debe tomar una posición, declarando explícitamente a qué significado se refiere cuando usa este término. Para poder hacer esta elección, obviamente, se necesita conocer las diferentes gradaciones semánticas posibles.

1.6. El contrato experimental

Los estudios sobre el contrato didáctico, prácticamente cultivados en todo el mundo, se están revelando muy fructíferos y han dado, en muy pocos años, resultados de gran interés que cada vez más nos están haciendo conocer la epistemología del aprendizaje matemático.

Cuando se habla de contrato didáctico, en realidad, como hemos visto, se debe hablar también de una situación de clase, de un particular argumento matemático, objeto del contrato; en resumidas cuentas, de una interacción entre estudiante, docente y, precisamente, objeto del saber.

Pero cuando un investigador hace investigación en el aula, en los hechos se tiene una modificación sustancial de todo el aparato. ¿Quién nos asegura que las respuestas de los estudiantes se deben aún considerar fruto de cláusulas del contrato didáctico? Dado que cambiaron las condiciones, es indiscutible que se trata de una situación del todo diferente. Cierto, se tiende a suponer que el estudiante identifica de cualquier forma al investigador con un adulto de la..., categoría de los docentes, pero esto no basta.

Las respuestas de los estudiantes al experimentador, tanto más si el objeto matemático no es objeto estándar de clase, parecen más ligadas a cláusulas de un *contrato experimental* que no al de un contrato didáctico, aunque parece obvio que existen vínculos muy fuertes entre las dos cosas.

Incluso, es necesario decir que no siempre se requiere que el experimentador sea una persona del todo externa al grupo. No se excluye que el docente se presente al grupo con un papel momentáneo no de docente, sino de investigador, declarando explícitamente que la actividad sucesiva tiene como objeto no una evaluación, sino una investigación.

Una situación similar es más que posible en varios países, y en particular en Italia, donde cada vez más se difunde la figura del docente-investigador (por ejemplo los docentes que forman parte de los Núcleos de Investigación Didáctica de los departamentos de matemática de las universidades), cuando estos hacen investigación con su propio grupo de clase.

Por lo tanto, el contrato experimental puede instaurarse incluso cuando la situación de clase, vista desde el exterior, parece ser la usual, mientras que en cambio no lo es del todo, por explícito que sea el requerimiento del docente.

Este tipo de problemática ha sido puesta en evidencia por María Luísa Schubauer-Leoni que sobre este punto ha dedicado fructíferos estudios (Schubauer-Leoni, 1988b, 1989; Schubauer-Leoni & Ntamakiliro, 1994). Tomamos prestado un largo y claro fragmento del artículo de 1994:

> En un contexto de investigación como aquel representado por un cara a cara entre el experimentador y el estudiante a propósito de la resolución de un problema, la comunicación que se establece entre los dos seres humanos de frente se hace en el respeto (o en la ruptura) de ciertas reglas tácitas cuyas características principales y perennes reconducen [...] a los principios de pertinencia, de coherencia, de reciprocidad y de influencia [...]. Algunas de tales reglas de

carácter general se hallan en obra al mismo tiempo tanto en un marco de contrato didáctico como en uno de contrato experimental. [...] En efecto se ha insistido en otros lados [...] sobre el hecho que la diferenciación entre contrato didáctico y contrato experimental se halla esencialmente en las intenciones y en las finalidades tácitas atribuidas a la situación por parte del actor que se halla en la posición alta (el experimentador o el docente). En lo que respecta al estudiante, éste tendría la tendencia a reconducirle significado a las reglas del contrato didáctico del cual tiene una experiencia en lo cotidiano y eso aunque el adulto que tiene en frente haya previamente construido su preguntar como relevante en un contrato experimental [...]. El estudio del funcionamiento del estudiante en situación experimental se revela por lo tanto particularmente delicado dado que se trata de identificar los significados atribuidos por el estudiante y por el experimentador en función de los contratos a los cuales cada uno se refiere tácitamente. Es así posible que en ciertos casos se asista a malentendidos que residen esencialmente en la no coincidencia de los mundos de referencia de cada uno. Por lo que el estudio de lo que sucede en el contexto de una sesión experimental debe poder explicar la articulación entre las reglas del contrato experimental así como fueron puestas en obra por el experimentador y la reglas del contrato didáctico transportadas, por otra parte, por la práctica escolar, tal cual fueron importadas a la sesión por parte del estudiante.

En Schubauer-Leoni (1997a), la autora evidencia las razones de un contrato de comunicación, llamando en causa tanto la pragmática psicosocial como la pragmática de la comunicación.

A nuestro juicio, este es uno de los campos de investigación futura que se delinean entre los más productivos. Es probable que todos nosotros debamos revisar con detalle los protocolos de nuestras investigaciones pasadas a la luz de esta nueva característica. También podrían aparecer interesantes novedades en las interpretaciones de los resultados. Nos remitimos a los trabajos mencionados para profundizaciones.

Referencias bibliográficas

Adda, J. (1987). Erreurs provoquées par la représentations. Actas CIEAEM. Sherbrooke: Universidad de Sherbrooke.

Balacheff, N. (1988). Le contrat et la coutume: deux registres des interactions didactiques. En: Laborde C. (ed.) (1988). *Actes du premier colloque Franco-Allemand de didactiques des mathématiques et de l'informatique*. Grenoble: La Pensée Sauvage. 15-26.

Baldisserri, F., D'Amore, B., Fascinelli, E., Fiori, M., Gastaldelli, B., & Golinelli, P. (1993). I palloncini di Greta. Atteggiamenti spontanei in situazioni di risoluzione di problemi aritmetici in età prescolare. *La matematica e la sua didattica*, 4, 444-451. *Infanzia*, 1, 31-34. [Publicado también en: Gagatsis A. (ed.) (1994). 239-246 en griego, 571-578 en francés. Publicado también en: *Cahiers de didactique des mathématiques*, 16-17, 1995, 11-20 en griego, 93-102 en francés].

Bednarz, N., & Garnier, C. (eds.) (1989). *Construction des savoirs: obstacles et conflits*. Ottawa: Agence d'Arc.

Bergeron, J. C., Herscovics, N. & Kieran, C. (eds.) (1987). *Proceedings of the XI International Conference for the Psychology of Mathematics Education*. Montréal: PME.

Bertin, G.M. (1968). *Educazione alla ragione*. Roma: Armando.

Blanchard-Laville, C. (1989). Questions à la didactique des mathématiques. *Revue française de pédagogie*. 89, 63-70.

Brissiaud, R. (1988). De l'âge du capitaine à l'âge du berger. Quel contrôle de la validité d'un énoncé de problème au CE2? *Revue française de pédagogie*. 82, 23-31.

Brossard, M. (1981). Situations et significations: approche des situations scolaires d'interlocutions. *Revue de phonétique appliquée*. 57, 13-20.

Brousseau, G. (1980a). Les échecs électifs dans l'enseignement des mathématiques à l'école élémentaire. *Revue de laryngologie, otologie, rinologie, 101*(3-4), 107-131.

Brousseau, G. (1980b). L'échec et le contrat. *Recherches en didactique des mathématiques*. 41, 177-182.

Brousseau, G. (1984). The crucial role of the didactical contract. *Proceedings of the TME 54*.

Brousseau, G. (1986). Fondements et Méthodes de la Didactique des Mathématiques. *Recherches en didactique des mathématiques, 7*(2), 33-115.

Brousseau, G. (1988). Utilité et intérêt de la didactique pour un professeur de collège. *Petit x*. 21, 47-68.

Brosseau, G., & Pères, J. (1981). *Le cas Gaël*. Bordeaux: Université de Bordeaux I, Irem.

Castro, C., Locatello, S., & Meloni, G. (1996). Il problema della gita. Uso dei dati impliciti nei problemi di matematica. *La matematica e la sua didattica*. 2, 166-184.

Cauzinille-Marmeche, E., & Weil-Barais, A. (1989). Quelques causes possibles d'échec en mathématiques et en sciences physiques. *Psychologie française, 34*(4), 277-283.

Chevallard, Y. (1985). *La transposition didactique. Du savoir savant au savoir enseigné*. Grenoble: La Pensée Sauvage.

Chevallard, Y. (1988a*). Sur l'analyse didactique. Deux études sur les notions de contrat et de situation*. Irem d'Aix-Marseille. 14.

Chevallard, Y. (1988b). L'universe didactique et ses objets: fonctionnement et dysfonctionnement. *Interactions didactiques*. Ginevra-Neuchâtel. 9-37.

Colomb, J. (ed.) (1991). *Apprentissages numériques et résolution de problémes*. Paris: Hatier-INRP-ERMEL.

Coulon, A. (1988). Ethnométhodologie et éducation. *Revue française de pédagogie*. 82, 65-101.

D'Amore, B. (1993a). *Problemi. Pedagogia e psicologia della matematica nell'attività di problem solving*. Milano: Angeli. II ed. it. 1996. [Edición en idioma español: Madrid: Sintesis, 1996].

D'Amore, B. (1993b). Il problema del pastore. *La vita scolastica*. 2, 14-16.

D'Amore, B. (ed.) (1996a). *Convegno del decennale*. Actas del homónimo Convegno Nazionale, Castel San Pietro Terme. Bologna: Pitagora.

D'Amore, B. (1996b). Immagini mentali, lingua comune e comportamenti attesi, nella risoluzione dei problemi. *La matematica e la sua didattica*, 4, 424-439. [Publicado en idioma inglés en: D'Amore B., Gagatsis A. (eds.) (1997). *Didactics of Mathematics - Technology in Education*. Thessaloniki: Erasmus. 11-24].

D'Amore, B. (2014). *Il problema di matematica nella pratica didattica*. Prologos de Gérard Vergnaud y de Silvia Sbaragli. Modena: Digital Index. [Versión impresa y versión e-book].

D'Amore, B., & Martini, B. (1997). Contratto didattico, modelli mentali e modelli intuitivi nella risoluzione di problemi scolastici standard. *La* matematica e la sua didattica. 2, 150-175. [Publicado en idioma francés en: *Scientia paedagogica experimentalis*. XXXV, 1, 95-118].

D'Amore, B., & Martini, B. (1998). Il "contesto naturale". Influenza della lingua naturale nelle risposte a test di matematica. *L'insegnamento della matematica e delle sienze integrate*, 21A, 3, 209-234.

D'Amore, B., & Sandri, P. (1993). Una classificazione dei problemi cosiddetti impossibili. *La matematica e la sua didattica*. 3, 348-353. [Nuevamente publicado en: Gagatsis A. (ed.) (1994). *Didactiché ton Mathematicon*. Thessaloniki: Erasmus. (en griego) 247-252, (en francés) 579-584].

D'Amore, B., & Sandri, P. (1998). Risposte degli allievi a problemi di tipo scolastico standard con un dato mancante. *La matematica e la sua didattica*. 1, 4-18. [Publicado en idioma francés en: *Scientia paedagogica experimentalis*. XXXV, 1, 55-94].

Douady, R., Artigue, M., & Comiti C. (1987). L'ingénierie didactique, un instrument privilegié pour une prise en compte de la complexité d'une classe. En: Bergeron J.C., Herscovics N., Kieran C. (eds.) (1987). *Proceedings of the XI International Conference for the Psychology of Mathematics Education*. Montréal: PME. 222-228.

Drozda-Senkowska, E. (1992). Qui pense le mieux? Les biais cognitifs dans le fonctionnement des groupes. *Bulletin de psychologie*, 45(405), 264-271.

Erny, P. (1991). Éthnologie de l éducation. Paris: L'Harmattan.

Farfán Márquez, R. M. (1997). *Ingeniería Didáctica*. México D.F.: Grupo Editorial Iberoamérica.

Filloux, J. (1973). *Positions de l'enseignant et de l'enseigné. Fantasme et formation*. Paris: Dunod.

Filloux, J. (1974). *Du contrat pédagogique*. Paris: Dunod.

Gagatsis, A. (ed.) (1994). *Didactiché ton Mathematicon*. Thessaloniki: Erasmus.

Gallo, E., Giacardi, L., & Roero, C.S. (eds.) (1996). *Conferenze e seminari 1995-1996*. Associazione Subalpina Mathesis - Seminario di Storia delle Matematiche "T. Viola". Torino.

Huberman, M. (ed.) (1988). *Assurer la réussite des apprentisages scolaires*. Neuchâtel: Delachaux et Niestlé.

IREM Bordeaux (1978). Étude de l'influence de l'interprétation des activités didactiques sur les échecs électifs de l'enfant en mathématiques. Project de Recherche CNRS, Enseignement élémentaire des mathématiques, Cahier de l'IREM de Bordeaux I. 18, 170-181.

IREM Grenoble (1980). Quel est l'âge du capitaine? *Bulletin de l'APMEP*. 323, 235-243.

Krummehuer, G. (1988). Structures microsociologiques des situations d'enseignement en mathématiques. In: Laborde C. (ed.) (1988). *Actes du premier colloque Franco-Allemand de didactiques des mathématiques et de l'informatique*. Grenoble: La Pensée Sauvage. 41-51.

Laborde, C. (ed.) (1988). *Actes du premier colloque Franco-Allemand de didactiques des mathématiques et de l'informatique*. Grenoble: La Pensée Sauvage.

Laing, R.D. (1969). *L'io e gli altri. Psicopatologia dei processi interattivi*. Firenze: Sansoni.

Marchive, A. (1995). *L'entraide entre élèves à l'école élémentaire: relations d'aide et interaction pédagogiques entre pairs dans six classes trois*. Thèse d'État, Univ. de Bordeaux II.

Martelli, A., Montanari, G., Pasotti, P., Rambaldi, M. T., & Sandri, P. (1993). *I problemi nella pratica didattica*. Milano: Angeli.

Meirieu, P. (1985). *L'école mode d'emploi: des méthodes actives à la pédagogie différenciée*. Paris: ESF.

Paour. J. L. (1988). Quelques principes fondateurs de l'éducation cognitive. *Intéractions didactiques*. Univ. de Neuchâtel. 8, 45-62.

Peltier, M.-L., Bia, J., & Maréchal, C. (1995). *Le nouvel objectif calcul*. Paris: Hatier.

Perrenoud, P. (1984). *La fabbrication de l'excellence scolaire*. Genève: Droz.

Perrenoud, P. (1988). La pédagogie de maîtrise. En: Huberman M. (ed.) (1988). 198-234.

Perrenoud, P. (1994). *Métier d'élève et sens du travail scolaire*. Paris: ESF.

Perret-Clermont, A.-N., Nicolet M. (eds.) (1988). *Interagir et connaître*. Cousset: Delval.

Perret-Clermont A.-N., Schubauer-Leoni, M. L., & Trognon, A. (1992). L'extorsion des réponses en situation asymmetrique. *Verbum* (Conversations adulte/enfants). 1/2, 3-32.

Polo, M. (1999). Il contratto didattico come strumento di lettura della pratica didattica con la matematica. *L'educazione matematica*, 20(6), 1, 4-15.

Rousseau, J. J. (1966). Émile ou de l'éducation (a cura di M. Launay). Paris: Flammarion. [I ed. 1762].

Sarrazy, B. (1995). Le contrat didactique. *Revue française de pédagogie*. 112, 85-118. [Trad. it.: *La matematica e la sua didattica*. 1998, 2, 132-175].

Sarrazy, B. (1996). *La sensibilité au contrat didactique: rôle des Arrière-plans dans la résolution de problèmes arithmétiques au cycle trois*. Tesis de doctorado en Ciencias de la Educación, Univ. de Bordeuax II.

Schoenfeld, A. H. (1985). *Mathematical problem solving*. New York: Academic Press.

Schoenfeld, A. H. (1987a). What's all the fuss about metacognition? En: Schoenfeld A.H. (ed.) (1987). *Cognitive science and mathematics education*. Hillsdale (N.J.): Lawrence Erlbaum Ass. 189-215.

Schoenfeld, A.H. (ed.) (1987b). *Cognitive science and mathematics education*. Hillsdale (N.J.): Lawrence Erlbaum Ass.

Schubauer-Leoni, M. L. (1986). *Maître-élève-savoir: analyse psycho-sociale du jeu et des enjeux de la relation didactique*. Tesis de doctorado en Psychologie de l'éducation, Genève.

Schubauer-Leoni, M. L. (1988a). Le contract didactique dans une approche psycho-sociale des situations d'enseignement. *Interactions didactiques*. Univ. de Neuchâtel. 8, 63-75.

Schubauer-Leoni, M. L. (1988b). L'interaction expérimentateur-sujet à propos d'un savoir mathématique: la situation de test revisitée. En: Perret-Clermont A.-N., Nicolet M. (eds.) (1988). *Interagir et connaître*. Cousset, Delval. 251-264.

Schubauer-Leoni, M. L. (1989). Problématisation des notions d'obstacle épistémologique et de conflit socio-cognitif dans le champ pédagogique. En: Bednarz N., Garnier C. (eds.) (1989). *Construction des savoirs: obstacles et conflits*. Ottawa, Agence d'Arc. 350-363.

Schubauer-Leoni, M. L. (1996). Il contratto didattico come luogo di incontro, di insegnamento e di apprendimento. En: Gallo E., Giacardi L., Roero C.S. (eds.) (1996). *Conferenze e seminari 1995-1996*. Associazione Subalpina Mathesis - Seminario di Storia delle Matematiche "T. Viola", Torino. 21-32.

Schubauer-Leoni, M. L. (1997a). Entre théories du sujet et théories des conditions de possibilité du didactique: quel «cognitif»? *Recherches en didactique des mathématiques, 17*(1), 7-27.

Schubauer-Leoni, M.L., & Ntamakiliro, L. (1994). La construction de réponses à des problèmes impossibles. *Revue des sciences de l'éducation, 20*(1), 87-113.

Sirota, R. (1993). Le métier d'élève. *Revue française de pédagogie. 104*, 85-108.

Tirosh D. (1990). Inconsistencies in students' mathematical costructs. *Focus on the learning problems in mathematics.* 12, 111-129.

Tsamir, P., & Tirosh, D. (1997). Metacognizione e coerenza: il caso dell'infinito. *La matematica e la sua didattica.* 2, 122-131.

Zan, R. (1991-1992). I modelli concettuali di "problema" nei bambini della scuola elementare. *L'insegnamento della matematica e delle scienze integrate.* En 3 partes: I: 1991, 14, 7, 659-677; II: 1991, 14, 9, 807-840; III: 1992, 15, 1, 39-53.

CAPÍTULO 2

El Efecto Topaze

2.1. Una comedia francesa

Marcel Pagnol (1895-1974) es un gran escritor francés, director de teatro y de cine, miembro de la *Académie française* desde 1946.

Marcel Pagnol
Fuente: Purepeople.com

Fernandel
Fuente: Andre Cros- Archivos de Touluse

Ex docente de 1er grado de la escuela primaria (como su padre) y luego de inglés en una escuela secundaria, a menudo dirigía sus propias obras, tanto en teatro como en cine; tuvo a su disposición verdaderos talentos del teatro y del cine, entre ellos el famoso Fernandel, cuyo verdadero nombre era Fernand Joseph Desiré Contandin (1903-1971). Marcel Pagnol fue considerado por el director de cine italiano Roberto Rossellini (1906-1977) el «verdadero creador del cine realista».

El miércoles 9 de octubre de 1928, cuando él aún era docente en París, puso en escena por primera vez su célebre pieza en 4 actos, *Topaze*, precisamente en París en el teatro *Variétés*; el papel del protagonista fue asignado a André Lafaur (1879-1552); esta obra fue replicada en varias ocasiones en otras ciudades.

En 1931 salió el texto impreso, publicado por la editorial Fasquelle de París; después fue publicado en varias ocasiones por diversas editoriales.

La portada del libro en la reedición de 1981.

La portada del libro en la reedición del Paris: Presses 2004, Paris: Éditions de Fallois.

De la obra se hicieron tres versiones cinematográficas: la primera por Louis Gasnier (1875-1963) en 1932 con Louis Jouvet (1887-1951) como protagonista; la segunda, dirigida por Pagnol en 1936, con Alexandre Antoine Arnaudy (1881-1969); y una tercera, siempre dirigida por el mismo Pagnol en 1950, con Fernandel.

M. Topaze mientras anuncia a sus estudiantes que el día siguiente habrá una tarea en clase de moral; pero lo que no sabe es que ese mismo día será despedido.

Otra escena de la película en la versión de 1950.

Es la historia de un docente de una escuela privada que es despedido por el déspota director por no haber aceptado el compromiso de promover, en lugar de reprobar, al hijo de una rica baronesa, quien concedía un gran apoyo financiero a la escuela misma, y dispuesta a contratar a Topaze, *el ingeniero* Topaze, para dar a su hijo lecciones privadas muy bien remuneradas. Encontrándose sin trabajo, Topaze acepta, inicialmente de buena fe, aunque luego se da cuenta de la verdad, de servir como testaferro de un aventurero especulador sin escrúpulos, cuya actividad económica se basa en la corrupción política y el engaño. Al final, sin embargo, la inteligencia de Topaze lo lleva a hacerse cargo de la empresa, sin dolo, y a aventurarse con éxito en el mundo de los negocios, encontrando para esto una vía legítima. En toda esta historia no faltan amoríos relativamente singulares y el intento del director de la escuela de volver a contratar a Topaze, incluso buscando que contrajera matrimonio con su hija, lo que previamente le había negado.

2.2. Una comedia francesa y la didáctica

¿Qué tiene que ver todo esto con la didáctica de la matemática y con la didáctica en general?

La comedia se hizo célebre en nuestro mundo matemático por el hecho de que Guy Brousseau, desde los años 60, señaló una forma de actuar típica de algunos docentes, que denominó "efecto Topaze".

¿En qué consiste?

Para mostrarlo, utilizaremos precisamente el inicio del guion. Para dar una idea de lo que sucede, dejaremos parte del texto en francés, como en el original, ya que todo se basa en la formación del plural que es específico de esta lengua.

Primer acto, primera escena.

Cuando se levanta el telón, M. Topaze propone un dictado a un estudiante. M. Topaze tiene unos treinta años. Tiene una larga barba negra [luego se la cortará] que termina en punta y llega al primer botón de su chaleco. Cuello recto, muy alto, almidonado, corbata miserable, camisa desgastada, zapatos con botones.

El estudiante es un niño de doce años. Da la espalda al público. Se ven sus orejas que sobresalen marcadamente hacia el exterior, el cuello como de un pájaro desnutrido. Topaze, de tanto en tanto, mira por encima del hombro del chico para leer lo que este escribe.

Topaze, que dicta inclinado.

«Des moutons [ovejas]... Des moutons.......estaban en un corral, en un prado; en un prado. (Se asoma en el hombro del estudiante y repite). Des moutons... moutonss... (El estudiante lo mira con espanto). A ver, hijo mío, haga un esfuerzo. Yo digo moutonsse. Étaient [eran] (repite con delicadeza) étaieunnt. Esto significa que no solo había una (oveja) moutonne. Había más moutonsse (ovejas)».

El estudiante lo observa perdido. En este punto, a través de una puerta que se abre a la derecha en el centro de la escena, entra Ernestine Muche [hija del director de la escuela, ella también es docente, de quien Topaze está enamorado]. Es una chica de veinticinco años, pequeño-burguesa vestida con una elegancia a buen mercado. Lleva una servilleta debajo el brazo. [Fin de la primera escena].

¿En qué consiste la particularidad didáctica de la escena?

El docente no tiene un interés real en el aprendizaje del estudiante, lo único que quiere obtener de él es que escriba correctamente lo que se le está dictando. Considerará que su acción docente ha tenido un resultado positivo si el estudiante escribirá lo que el docente tiene en mente. No importa con qué medio, haciéndole incluso escribir sin una comprensión real.

Este hecho ocurre a menudo en el aula y sobre todo sucedía en ciertas actividades en las cuales se proponían situaciones creadas artificialmente, donde a partir de estas se quería asegurar que el estudiante aprendiera de una manera general, no vinculada únicamente a las circunstancias. Estamos haciendo referencia a los una vez llamados *materiales estructurados* (ábacos, bloques lógicos, regletas, geoplano…), pero sucede todavía, aun independientemente de estas situaciones artificiales.

Se incluye en las *expectativas del docente en relación con el estudiante.*

Pero el estudiante sabe que, una vez iniciada la actividad, no será tan importante haberla comprendido, debe esperar hasta el momento en el cual el docente lanza sus sugerencias implícitas que conducirán al estudiante mismo a escribir o a responder lo que el docente quiere leer o escuchar de él.

Se incluye en las *expectativas de los estudiantes en relación con el docente.*

"El éxito en el aula" significa que las dos expectativas han revelado no ser en vano, ya que el docente ha conseguido lo que quería y el estudiante ha cumplido con su tarea, al obtener aquello que el docente deseaba obtener. Se llama, en general, *contrato didáctico* y el efecto específico se llama "efecto Topaze".

En plena "matemática moderna", en los años 60, Guy Brousseau lo evidenciaba, ya que se trata de un daño considerable para el sistema de enseñanza-aprendizaje, pero lo es más en aquellas circunstancias en las cuales solo el docente sabe lo que está sucediendo. Se propone un juego que tiene reglas, el estudiante lo juega. Si tiene éxito es porque no necesitaba el juego, pues ya dominaba las reglas. Si falla, es el docente que crea las condiciones para el "éxito". Nadie ha aprendido nada, pero la ilusión es completa.

¿Quién o qué determina esta forma de actuar? Ciertamente la que Brousseau llama "epistemología espontánea del docente" (Brousseau, 2008; D'Amore, 2006; Brousseau & D'Amore, 2008).

Hemos puesto en juego dos factores interesantes para un análisis didáctico moderno:

— El contrato didáctico y dentro de este el efecto Topaze;
— La epistemología espontánea del docente;
— Todo dentro de una teoría que, a nuestro juicio, podría reservar grandes sorpresas y aún necesita ser investigada y estudiada (D'Amore, Fandiño Pinilla, Marazzani, Sbaragli, 2008).

En esta ocasión nos limitaremos a aquellas referencias bibliográficas que consideramos más relevantes para el contrato didáctico, la epistemología espontánea del docente y la teoría de las situaciones; además, examinaremos aquí, a modo de ejemplo, el efecto Topaze tal como se manifiesta en diversas situaciones de aula, con la ayuda de colegas y colaboradores.

2.3. Algunos ejemplos de Efecto Topaze

7° grado

Escrita en la tablero aparece la ecuación de segundo grado: $3x^2-27=0$; un estudiante (A) tiene la tarea de resolverla. El docente espera, el resto de la clase observa.

A (apuntando con el dedo índice de la mano derecha hacia el tablero, pero mirando al docente): Esta no puede ser.

El docente entiende en el aire: que la expresión del estudiante es una forma de decir que la ecuación no está en plena forma canónica ($ax^2+bx+c=0$) ya que le falta el término de primer grado ($b=0$); este hecho está consternando al estudiante, que no sabe cómo aplicar la fórmula cuadrática resolutiva.

Docente: Usted podría utilizar la misma fórmula, o podría actuar de otra manera, llevando el 27…
Mira sonriendo y haciendo guiños a la clase.

A escribe: $$x_{1,2}=\frac{b\pm\sqrt{b^2-4ac}}{4a}$$; con la punta de la tiza toca la ecuación y dice: ¿Ves? Aquí…

Docente: Se podía seguir así, pero también se puede hacer de otra manera. ¡Mira bien la ecuación! (Se detiene un momento). ¿Lo ves? Puede tomar el "menos 27" y llevarlo… ¿Dónde? Se podría obtener… más…
A mira a sus compañeros de clase, y a su fórmula de resolución de la ecuación; ni siquiera parece escuchar al docente.
El docente se aproxima, hace caso omiso de lo que escribió el estudiante, toma otro pedazo de tiza y, a la derecha de $3x^2-27=0$, escribe: $3x^2=$; luego se hace a un lado y sonríe al estudiante A y a la clase.

A: Pero aquí, no… Era en el discriminante…

Docente: Olvida el discriminante, mira bien. (Hace una señal bajo el "-27" en la ecuación que se quiere resolver y pone la punta de la tiza sobre el signo -, pulsa ahí varias veces, luego a la derecha escribe $3x^2=+$). ¿Qué se puede escribir aquí?
Por fin el estudiante parece oír la voz del docente, deja de concentrarse en el camino que quería seguir y que lo incomodaba y responde rápidamente:

A: +27.

Docente: Bien, muy bien, ¿Ves? Escríbelo.

    El estudiante escribe: $3x^2=+27$.

Docente: Y ahora, ¿Ves que se puede simplificar?

En este punto el estudiante entra en el mecanismo del pensamiento del docente, simplifica y, fácilmente, encuentra las raíces.

La acción didáctica ha tenido "éxito": el docente ha visto escrito lo que quería, el estudiante ha tenido la aprobación del docente. Probablemente, si el estudiante va a reflexionar sobre lo que ha ocurrido, creerá, como efecto secundario de esta escena, que: si en una ecuación no se encuentra el término de primer grado, no es posible utilizar la fórmula general de resolución de las ecuaciones cuadráticas.

Preescolar

La actividad se denomina "Cazando las formas", y consiste en el siguiente juego: la docente establece el nombre de una forma (redonda, cuadrada, triangular,...) y los niños deben ir en la búsqueda de todos los objetos que tienen esa forma. Gana quien encuentra la mayor cantidad de objetos con dicha forma y quien encuentra el objeto menos evidente.

En una pared del aula hay un reloj analógico hecho más o menos de la siguiente forma.

El borde del reloj es redondo, pero está colocado en un marco de madera en forma de caja cuadrada con borde negro.

P observa, decepcionado.

Docente: Encima de la puerta, un poco más acá (indica con la mano, prácticamente, el reloj).

P observa, pero no ve nada redondo.

Docente: Observa bien, sirve para dar la hora.

P observa alrededor, ve también el reloj, pero parece no reconocer la forma redonda.

Docente: Mira, ¿Lo ves? ¿Cómo haces para no ver? ¿No ves lo redondo, no lo ves en verdad?

Con las manos, abriendo los dos pulgares y los dos índices, forma un círculo, mientras que con el mentón indica claramente el reloj.

P muestra entender la sugerencia, mira la pared correcta, pero no ve lo redondo.

La docente se levanta, lo toma por la mano, lo lleva delante del reloj:

Docente: ¿Qué forma es esta?

P: Cuadrada.

Docente: Pero no, ¿No ves que es redondo? ¿No es redondo? Es redondo, ¿verdad?

P: Sí.

Docente: Viste, ¡viste qué bueno eres! (y luego a todos:) ¿Sí, lo vieron? P ha visto el objeto más redondo, ninguno de ustedes lo había visto. Han ganado todos igualmente, pero P ha elegido el más bello.

De este episodio en adelante, los comentarios se dejan al lector.

Escuela primaria, 2° grado

La docente ha propuesto el siguiente ejercicio, que los estudiantes deben resolver por escrito en su cuaderno: «Andrea tiene 4 láminas, pero ella debe devolver 10 a su compañero Peter; ¿cuántas láminas debe añadir a las que tiene?».

El primero en terminar y correr al escritorio de la profesora es S, que ha resuelto el ejercicio de la siguiente manera:

Resolución
4 + 6 = 10 (láminas que deben ser añadidas)
Respuesta
Andrea tiene que añadir 10 láminas.

La docente trata de corregir lo que está escrito por S.

Docente: Pero, lo siento, si tiene 4 y debe llegar a 10, ¿Qué cantidad debe agregar?

S: 6, que es como yo lo hice.

Docente: Sí, pero ¿Cómo encontraste el 6?, ¿Qué operación se debe hacer?

S: La suma, porque 4 + 6 es 10.

Docente: Sí, pero para obtener 6 qué cosa debes hacer, no es sumar, pero… pero…

S está en silencio, mirando a su página del cuaderno de ejercicios.

Docente: Si te digo que no debes usar la suma, ¿qué operación debería hacer?

S (en un tono de pregunta): ¿La resta?

Docente: Bravo, ¿sí, ves? Es la resta. Ve al puesto y corrígelo.

S: Pero, ¿Debo borrar esto?

La docente toma el cuaderno y borra la resolución y la respuesta de S.

Docente: Inicia todo de nuevo, olvídate de lo que hiciste, trabaja debajo de lo que hiciste y no te preocupes.

S, no muy convencido, vuelve a su puesto, mientras que la clase se agita y muchos niños se levantan para mostrar a la docente lo que han logrado.

S escribe:
Resolución
10 – 6 = 4 (láminas que debe dar)
Respuesta
Andrea tiene que añadir 4 láminas.

Licenciatura en Ciencias de la Educación Primaria

Docente: ¿Me puede decir si el cuadrado se puede considerar un caso particular de rectángulo?

 A: No, el cuadrado es el cuadrado y el rectángulo es el rectángulo.

Docente: ¿Qué cosa es, según tú, un rectángulo?

 A: Un cuadrilátero.

Docente: ¿Un cuadrilátero sin ninguna otra propiedad característica? ¿Cómo este?

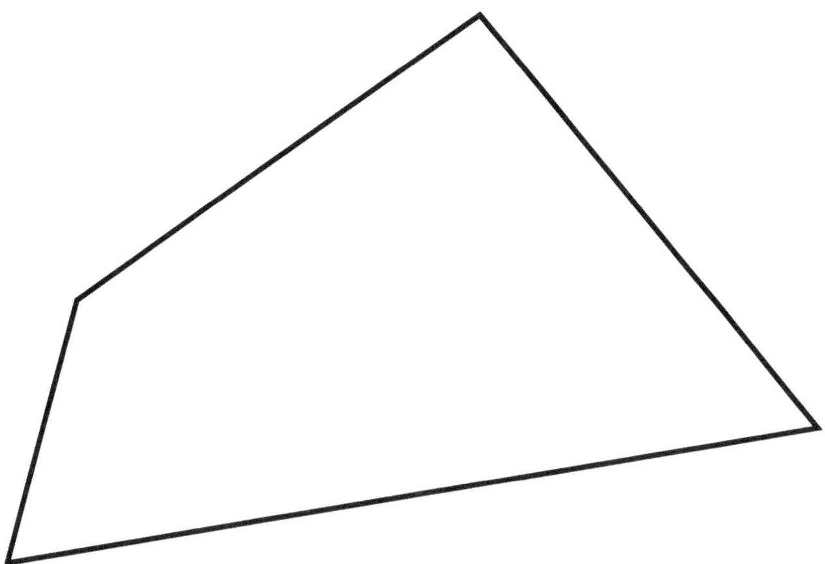

 A: No, un cuadrilátero particular.

Docente: Ah… y ¿Qué tiene de particular un rectángulo?

 A: Tiene los ángulos todos iguales.

Docente: Bien, entonces para ti un rectángulo es un cuadrilátero con los ángulos de la misma amplitud.

 A: Sí, un cuadrilátero con todos los ángulos de la misma amplitud.

Docente: Bien, pero ¿incluso el cuadrado tiene los ángulos de la misma amplitud?

    A: ¡Por supuesto que sí!

Docente: Así que el cuadrado se puede considerar un caso especial de rectángulo puesto que entra dentro de la definición que has elegido para un rectángulo.

    A: Sí, el cuadrado se puede considerar un caso especial de un rectángulo.

Licenciatura en Ciencias de la Educación Primaria

Docente: Considere el conjunto de los números naturales. ¿Son más los números pares o los números naturales?

    A: Son más los naturales.

Docente: ¿Está seguro? Piense en los dos conjuntos: naturales y pares.

    A: Ah, ahí está: tienen la misma cantidad porque ambos son infinitos.

Docente: Sí, pero no es suficiente; que sean ambos infinitos no implica que sean tengan la misma cardinalidad.

    A: Si son infinitos...

Docente: Escribe los primeros números naturales.

    A: Aquí están (escribe: 0 1 2 3 4). ¿Puedo parar ahí?

Docente: Sí, bueno pon también los punticos y escribe debajo los números pares.

    A (escribe 0 1 2 3 4... A continuación, en la línea de abajo, escribe: 0, 2, 4, 6): ¿Ya me puedo parar aquí y poner los puntos?

Docente: Sí. Entonces, ¿Qué es lo que ves?

    A: Lo que veo... que son infinitos.

Docente: ¡Mira! Debajo del 0 (cero), ¿Qué le que corresponde?

    A: El 0.

Docente: ¿Y debajo del 1?

    A: El 2.

Docente: ¿Entonces?

    A: Debajo el 2, el 4.

Docente: ¿Entonces?

    A: Se corresponden.

Docente: Explíquelo mejor.

    A: Bajo cada número de los naturales hay uno de los números pares.

Docente: Exactamente, por lo que se crea una correspondencia…

    A: Entre los dos conjuntos.

Docente: ¿Una correspondencia de qué tipo?

    A: Uno a uno.

Docente: Por tanto, biunívoca. Entonces, ¿son más los números naturales o los números pares?

    A: No lo sé.

Docente: Pero si a cada uno corresponde uno, uno a uno, ¿cómo será? ¿En cuál de los conjuntos hay más?

    A: En ninguno de los dos hay más, se crea una correspondencia.

Primer año de la carrera de Matemática

Docente: Enuncia la propiedad transitiva.

    A (hablando y escribiendo simultáneamente): Si *a* está en relación con *b* y *b* está en relación con *c*, entonces *a* está en relación con *c*.

    Escribe: *aRb, bRc = aRc.*

Docente: Hay tantas cosas que no funcionan. En primer lugar, ¿de qué nos sirve ese signo igual?

    A calla.

Docente: Tú has dicho "si…, entonces…", por tanto, ¿para qué necesitamos un igual? A calla.

Docente: ¿Cómo se escribe "si…, entonces…" en simbolismo matemático?

    A borra el signo = y escribe en silencio:

    aRb, bRc $\Longrightarrow$ aRc.

Docente: Así va mejor. Y luego, tú has dicho "y", pero luego escribes una coma. ¿Cómo se escribe "y" en simbolismo matemático?

    A escribe: *aRb, $\wedge$ bRc $\Longrightarrow$ aRc.*

Docente: Pero no, pero no, si escribes "y", debes quitar la coma.

    A borra la coma: *aRb$\wedge$ bRc $\Longrightarrow$ aRc.*

Docente: Sí, así va bien. Solo que tú dices a, b, c; pero ¿Solo es válido para algunos o para todos? Sabes, yo siempre puedo encontrar una terna especial para que la propiedad sea válida, pero luego no vale para toda la relación.

A calla; no parece haber entendido nada de lo que dice el examinador.

Docente: En definitiva, debe valer para todos, ¿no?

A: Sí, para todos.

Docente: ¿Y cómo se escribe?

A calla.

Docente: Para cada a, para cada b, continúa.

A: Para cada c.

Docente: Entonces ¿Lo ves? ¿Cómo se escribe con el simbolismo matemático?

A escribe: $\forall$ abc, antes de la fórmula anterior.

Docente: Está bien, no está muy bien escrito, pero nos estamos entendiendo ¿Has entendido?

A: Sí.

Carrera de Matemática

Docente: Enuncia pues el teorema, ¡vamos!

A (en voz alta y escribiendo las fórmulas enuncia): Una función $f: M_1 \to M_2$ entre dos espacios métricos es continua si y solo si para cada abierto U de M_2 el conjunto $f^{-1}(U)$ es *abierto en* M_1.

Docente: Bien. ¿Qué afirma en palabras este teorema?

A: Que si una función efe entre dos espacios métricos eme uno y eme dos es continua, esto significa que para cada abierto U de eme dos el conjunto efe a la menos uno de U está abierto en eme uno.

Docente: Muy bien, este es el teorema, pero ¿Qué significa?

A: Que si…

(y luego guarda silencio.)

Docente: Vamos, ¿qué dice? ¿No lo ves? Se dice que f es continua…

A calla.

Docente: …*f* es continua si y solo si las contra-imágenes de conjuntos abiertos son…

    A: Son subconjuntos de eme dos.

Docente: Pero no, pero no, que disparate. Las contra-imágenes de conjuntos abiertos son… son también…

    A calla.

Docente: Las contra-imágenes de conjuntos abiertos son a su vez…

    A: ¿Abiertas?

Docente: Oh, bien, ¿te das cuenta que si lo sabes?

Meses finales del 8° grado

R está escribiendo en el tablero: $(x+2y)^2 = x^2+4y^2$.
Mira al docente, satisfecho.

Docente, sonriendo: ¿No te olvidas de algo?

    R revisa lo que ha escrito y mira al docente. Del fondo del aula se siente una voz: Sí, falta…

Docente: No, silencio, R puede hacerlo por sí solo.

    R mira la clase y al docente.

Docente: ¿Te acuerdas? A más b al cuadrado, es… es…

    R: Sí, es…

Docente: Prueba a escribirlo en el tablero.

    R no sabe qué escribir.

    El docente se acerca, le toma la tiza de la mano y, en un lado de la pizarra, escribe: $(a+b)^2 =$ y luego devuelve la tiza a R.

    R completa así:

    $= a^2+b^2$, y mira al docente.

Docente: Pero cómo, no, no es así, ¿no te acuerdas de cuántas veces hemos hecho esto? ¿Qué falta, eh?, ¿qué falta?

Una voz de la clase: Dos a b.

Docente, irritado: Pero no, vamos, déjenlo pensar. ¿Verdad R? ¿Verdad? Falta…

    R completa y al final aparece la igualdad:

    $(a+b)^2 = a^2+b^2+2ab$.

    R mira el docente.

Docente: Eso es, bien, ¿viste? Entonces, ahora volvamos al caso inicial, e indica la igualdad "incompleta":

$(x+2y)^2 = x^2+4y^2$.

Docente: ¿Ves?, ¿qué falta?

R, muy indeciso, "completa": $(x+2y)^2 = x^2+4y^2+2ab$.

Docente: Pero no, pero cómo, ¿Qué haces? Pero allí no había *a* y *b*, eran *x* y *2y*. Debes estar atento.

R borra *+2ab* y tiene ahí la tiza en suspenso.

Docente: Debes hacer el producto que es… que es *2xy*, pero luego el doble de producto, ¿verdad?, lo has visto también tú, el doble. Pues el doble de *2xy* que es, por…

R se atreve, muy incierto, a decir en voz baja: *4xy*.

Docente: Oh, por fin, entonces, escribe al final el resultado.

R lo realiza bien y el docente comenta: ¿Vieron?, vieron chicos, es inútil sugerir, cualquiera puede hacerlo por sí solo, basta con concentrarse y recordar. La suma de los cuadrados y el doble del producto, es preciso recordarlo así.

Escuela primaria, 1er grado

La docente propone a los estudiantes un trabajo para construir competencias en torno a la idea de mitad. El trabajo en la fase inicial presupone la investigación, por parte del docente mismo, sobre las imágenes ingenuas que ya poseen los estudiantes. Se trata de responder a la pregunta: «Dos niñas tienen a su disposición 7 tizas de diferentes colores para realizar un dibujo. ¿Cuántas les tocan a cada una, si las dividen en partes iguales?».

El docente tiene en mente la respuesta que a su juicio es legítimo esperar: tres tizas y media para cada una de las dos niñas. Presentamos una larga pieza de conversación entre el docente y una estudiante, A:

A: Si se quieren las dos iguales las debo romper a mitad.

Docente: Pero mira que no te sirve partirlas todas [con énfasis] en mitades; quizá puedes repartirlas en partes iguales también en otro modo.

A: No. Las debo romper todas a mitad. Si no las parto todas a la mitad ¿Cómo hago a darles lo mismo a las dos?

Docente: Puedes probar darle una tiza a la primera niña, y luego…

A: Pero así la tiza roja lo toma solo usted, luego no hay otras rojas para la otra.

Docente: Prueba a darle una roja a la primera niña y una amarilla a la segunda niña, tendrán una tiza cada una. El número de tizas que tienen en mano es el mismo.

A: Pero ¿Cómo hace la primera niña para colorear el sol si no tiene el amarillo?

Se le pide a la estudiante mostrar la forma en que lo piensa y ella rompe a la mitad todas las siete tizas de la caja para darle luego la mitad de cada tiza a cada una de las dos niñas.

Docente: Y ahora ¿Cuántas tizas tiene la primera niña? Y ¿Cuántas la segunda?

A: Siete la primera y siete la segunda. Tienen todos los colores que sirven para todo a las dos.

Docente: pero no son siete tizas, esta [toma en mano media tiza verde] no es una tiza.

A: Sí, es una tiza. Es la que sirve para pintar el pasto.

Docente: No. No es una tiza, ¿no ves que es mitad?

A: Ah, sí, ¡es mitad!

Docente: Y si lo pongo junto a otra mitad, ¿cuántas tizas tengo en mi mano?

A: Dos piezas, pero le tocan una para cada niña porque tienes en la mano dos piezas verdes. Una debes dársela a la primera y una a la segunda, así tienen ambas la tiza verde para colorear el pasto.

Docente: ¡Atenta! Mira junto a mí. Si yo pongo juntas las dos piezas verdes, ¿no obtengo una tiza entera?

A: Sí… Pero a cada niña le debes dar un trozo verde, un trozo amarillo, un trozo rojo, un trozo blanco, un tozo celeste, un trozo naranja y un trozo marrón.

Docente: Está bien, pero todos estos trozos juntos, ¿cuántas tizas son?

A: Siete, son de siete colores diferentes.

Docente: ¡Atenta! Mira junto a mí. Pongo juntas media tiza roja y media tiza amarilla. ¿Cuántas tizas tengo?

A no responde.

Docente: ¡Pon atención! ¿No es cierto que tengo una tiza? ¿UNA?

A no responde.

Docente: Y tomando cada vez media tiza de diferentes colores, ¿cuántas tizas puedo recomponer?

A no responde.

Docente: ¡Atenta! ¿No es cierto que media tiza puesta junto a otra media tiza es una tiza entera?

A: ¿Sí?

Docente: ¡Sí! ¿Y si lo hago de nuevo, no tengo otra tiza?

A: ¿Sí?

Docente: ¡Sí! ¡Bien! Y si tengo una tiza y aquí otra tiza, ¿Cuántas tizas tengo en total?

A: ¿Dos?

Docente: ¡Sí! Dos, dos, ¡Muy bien! Y si tomo otras dos piezas de color diferente y les pongo juntos, ¿No tengo otra tiza? Y entonces son…

A: ¿Tres?

Docente: ¡Genial! ¿Lo ves? Sin embargo, ahora solo tengo dos medias tizas y debo dar la mitad a cada niña. ¿Cuántas tizas tiene ahora cada niña?

A no responde.

Docente: Antes tenías tres para cada niña, ahora agregas media. Son tres y… tres y [muestra una mitad]…

A: ¿Media?

Docente: ¡Sí! Genial: ¡son tres y media!

Preescolar

El docente ha hablado con sus estudiantes de figuras geométricas mostrando modelos diferentes para reflexionar sobre los nombres de las figuras mismas y pide denominarlas, después de haberlas reconocido. En este momento, la atención se dirige al rectángulo que un niño llama "cuadrado". El docente lo toma a parte y le muestra una hoja de papel formato carta y le pide:

Docente: ¿Qué es?

La respuesta que se espera es: un rectángulo.

A: Es una hoja de papel.

Docente: Sí. Es cierto, pero ¿a qué se parece?

A: Se asemeja a las de las fotocopias.

Docente: Pero mira bien. ¿Cómo es?

A: Es blanco.

Docente: Sí, pero ¿qué forma tiene?

A: Tiene la forma del marco.

Docente: Bien. Esa forma tiene su nombre.

A: ¡Cuadrado!

Docente: No es precisamente un cuadrado. Es alargado.

A: Es un cuadrado alargado.

Docente: Pero esta figura un poco alargada tiene su nombre. ¿Tú lo recuerdas?

A no responde.

Docente: Sobre ésta hablábamos también ayer cuando aprendimos la canción de las formas.

A no responde.

Docente: Tiene un nombre un poco más larguito es un…

A: Cuadrado.

Docente: Pero no… tiene el nombre de un poco larguito es un hermoso…

A: Cuadradito alargado.

Docente: Pero no. Tiene el nombre de un poco larguito es un bello re… Un bello rect… Un bello recta…

A: ¿Rectángulo?

Docente: ¡Bien! ¿Viste que lo sabías?

Escuela Primaria, 2° grado

En clase el docente propone el ábaco; durante algunos días, a través de situaciones didácticas, invita a los estudiantes a considerar la bola puesta en la segunda asta de la derecha como diez bolas puestas en la primera asta a la derecha.

Una estudiante no logra apropiarse de la idea de valor posicional y continúa contando las bolitas del ábaco como si fueran todas unidades.

El docente propone a la niña una representación con el ábaco en donde hay una bolita en el asta de las decenas y dos bolitas en el asta de las unidades. Como respuesta a la pregunta: ¿Qué número es?, se espera la respuesta: 12. Al contrario,

A responde:

    A: Son tres bolitas.

Docente: Es cierto, pero no todas tienen el mismo valor, ¿recuerdas?

    A: Pero son tres bolitas.

Docente: Sí, pero el número representado es otro, ¿no recuerdas?

    A: Es el tres.

Docente: ¿Recuerdas cuánto vale una bolita de la primera asta?

    A: Uno.

Docente: Sí, ciertamente. ¿Y aquí cuántas bolitas hay?

    A: Dos.

Docente: Bien. Entonces están representadas dos unidades.

    A no dice nada.

Docente: Ahora no vamos considerar más la primera asta, miremos la segunda. ¿Aquí cuántas bolitas hay?

    A: Una.

Docente: Cierto, pero esta no es una unidad, sino más. ¿Recuerdas cuántas?

    A no dice nada.

Docente: ¿Recuerdas que hemos puesto todas juntas un determinado número de bolitas y luego las hemos cambiado con una que tenía el mismo valor?

    A no responde.

Docente: Pero supuesto que lo recuerdas, ¿verdad? ¿Y cuántas eran las bolitas que hemos puesto todas juntas?

    A no dice nada.

Docente: Pero seguro que lo recuerdas. Eran tantas como los dedos de tus manos, ¿Recuerdas?

    A: ¿Cinco?

Docente: Pero no. No de una mano sola, de las dos. ¿Cuántas son todos los dedos de tus dos manos?

A: ¡Diez!

Docente: Muy bien. ¡Diez! Esta bola vale diez. ¿Y con las otras dos?

A no dice nada.

Docente: Los sigue contando. Diez, once (tocando una de las bolitas - unidad) y… (tocando la otra bolita de unidad).

A: ¿Doce?

Docente: ¡Muy bien!, Aquí está representado el número doce.

Escuela primaria, 5º grado

El docente por un buen tiempo ha propuesto trabajos a los estudiantes para ayudarles a construir la idea de ángulo como parte (ilimitada) de plano comprendido entre dos semirrectas con el origen en común.

Es tiempo ahora de reflexionar sobre los polígonos y los ángulos internos de un polígono. La respuesta que quiere obtener de los estudiantes y que considera correcta es: los ángulos internos del polígono también son ilimitados.

Un estudiante no logra ver esta representación y considera los ángulos internos del polígono limitados por los lados de la línea poligonal cerrada que delimita el polígono mismo. El docente llama el estudiante para que se acerque y diseña un triángulo.

Docente: ¿Qué es un ángulo en matemáticas?

A: La parte del plano que no termina nunca y que está dentro de dos semirrectas.

Docente: ¡Muy bien! ¿Recuerdas cómo lo habíamos representado?

A: Sí. Debo colorear en la hoja todo lo que está dentro de las dos líneas [entendiendo semirrectas].

Docente: ¡Bien! ¿En el triángulo que tienes en frente cuántos ángulos hay?

A: Tres.

Docente: Bien. Ahora debes colorear un ángulo [indica un vértice del triángulo]. ¿Cómo haces? ¿Cuánto espacio de la hoja coloreas?

A no responde.

Docente: ¿Te puedes detener a colorear cerca al vértice? Recuerda que el ángulo es…

    A: Ilimitado… Entonces, ¿no?

Docente: Pero no me lo debes preguntar a mí. Lo sabes por ti mismo. Debes pensar que no termina aquí [e indica el lado opuesto a ese vértice]. ¿Acaso no es así?

    A: Sí. Debo pensar que no termina. Pero aquí hay un lado [indica él también el lado del polígono opuesto al vértice que estaban considerando] y entonces termina aquí.

Docente: Pero no. Pero no… ¿Por qué piensas que un ángulo pueda acabar allí? Tienes que seguir imaginándolo por todo el plano.

    A: ¿Y el lado?

Docente: Debes imaginar que no existe. Ahora colorea el ángulo, pero todo, ¡absolutamente todo!

    A no hace nada.

Docente: Mira bien tu dibujo. Esta parte que yo indico es el ángulo [con el dedo índice de la mano derecha empieza a repasar los lados del ángulo interno del polígono prolongándolo, luego toca el espacio interior del ángulo del polígono saliendo del lado opuesto al vértice]. ¿No es acaso este el ángulo que tenías en mente?

    A no responde.

Docente: Coloreando todo el espacio tendrás coloreado el ángulo, ¿No es así?

    A: ¿Sí?

Docente: ¿Entonces cómo son los ángulos del polígono? ¿Son quizás limitados por los lados del polígono?

    A: ¿No?

Docente: ¡Muy bien! ¿Y entonces si no están limitados como son? Si no están limitados serán il…

    A: Ilimitados.

Docente: ¡Muy bien!

12° grado

En el tablero aparece la expresión: *sen(α+β)=sen*

Docente: ¿Entonces? ¿No lo recuerdas?
    A: Sí. Añade algo y la fórmula pasa a ser: *sen(α+β)=senα +*
    La docente lo detiene:
Docente: Cuidado, cuidado, espera antes de escribir ese más.
    A se bloquea.
Docente: ¿Te acuerdas? Debes multiplicar y no sumar…
    A calla y mira a los compañeros de clase.
Docente: Sí, ya lo hemos visto: sen alfa cos beta y luego sí el más.
    A no sabe qué hacer.
    La docente se levanta y escribe: *sen(α+β)=senα cosβ +*
Docente: Bueno, ahora sí lo recuerdas de seguro, ahora puedes
    seguir tú solo. Debes solo intercambiar…
    A calla.
Docente: ¿Sen alfa cos beta y más cos alfa… y?
    A escribe: *sen(α+β)=senα cosβ + cosα*
    A: ¿Así?
Docente: Eh sí ya, pero debes completar; sen cos y cos sen,
    ¿Recuerdas?
    A escribe: *sen(α+β)=senα cosβ + cosα senβ*, y luego
    mira dudoso a la docente.
Docente: Sí, es así, pero lo debes repasar bien, no puedes es-
    perar que yo te dé paso a paso, debes saberlo hacer
    por ti solo. Estúdialo en casa todavía más, así luego lo
    recordarás: sen alfa cos beta, cos alfa sen beta. ¿Fácil
    no?

6° grado

El docente está trabajando en el cálculo necesario para determinar el mínimo común denominador. Pero obtiene un fracaso general en la clase. Tras el fracaso, configura de nuevo la lección.

Docente: Veamos juntos lo que se debe hacer. Entonces… tú, C, ¿Me dices cuál es la primera cosa por hacer?

C no responde.

Docente: Vamos… hay que reducir… ¿Reducir qué?

C: ¿Los números de las fracciones?

Docente: Por supuesto, reducir las fracciones a la mínima…

C: … expresión.

Docente: Sí, cierto… si no lo son. ¡Muy bien! Luego, G, ¿qué se debe hacer? Las fracciones que ahora tienes debes calcular el mínimo…

G: ¡Mínimo común denominador!

Docente: Sí, ¡muy bien! Pero para hacerlo debes calcular el mínimo común múltiplo, ¿no recuerdas? Toma los factores comunes y no…

G: Comunes.

Docente: Sí, ¡Muy bien! Pero solo aquellos con el máximo exponente. ¿Y cuántas veces debes tomarlos? Solo…

G: ¿Solo una?

Docente: Sí, perfecto, ¡bravo!

Bachillerato con especialidad lingüística, examen final para acceder al título de bachiller

El examinador quiere debatir con la candidata la relación entre el límite de una función y su continuidad, partiendo del cálculo de un límite presente en la prueba escrita asignada a la clase. En la tarea la candidata, calculando los extremos relativos de la función, escribe la siguiente cadena de igualdades:

$$\lim_{x \to 1^+} = \frac{x^2 + 1}{x^2 - 1} = \frac{2}{0^+} = +\infty$$

El examinador se dice a sí mismo alguna cosa a propósito del signo igual y luego le pide a la estudiante justificar la presencia del 2 en el numerador y del 0 en el denominador.

A: Sustituí 1 en el lugar de la x en el numerador y denominador, obteniendo 2 y 0 respectivamente.

E: Sí, es correcto, pero ¿por qué sustituyó? Estamos calculando un límite, ¿qué tiene que ver esto?

A: En este momento no me viene a la mente, pero cuando son fracciones siempre hemos hecho así.

E: ¿Te acuerdas de la definición de función continua en un punto?

A: Yo diría que sí. Una función es continua cuando:

$$\lim_{x \to x_0} f(x) = f(x_0)$$

E: Bien. ¿Cómo nos puede ayudar esto en el cálculo del límite?

La estudiante calla desorientada y no sabe cómo continuar.

E: ¿Las funciones x^2+1 y x^2-1 son continuas?

A: Sí, son dos parábolas.

E: Bien, ¿qué significa que sean continuas?

A: Que el gráfico se presenta como un trazo continuo sin interrupciones.

E: Sí, ¿pero qué tiene que ver con el cálculo del límite? Vuelve a la definición que enunció antes.

A: ¿Ésta, con el límite? [Indica sobre la hoja la definición escrita antes].

E: Sí, esa misma; reescríbela.

La estudiante reescribe:

$$\lim_{x \to x_0} f(x) = f(x_0)$$

E: Bien; pero en nuestro caso ¿A qué corresponden $f(x)$ y x_0?

A: La fracción $\dfrac{x^2 + 1}{x^2 - 1}$ y 1.

E: ¿Esta función es continua en 1?

A: No sé.

E: ¿Está definida en 1?

A: No, una fracción no podrá tener el 0 en el denominador.

E: ¡Así es!, entonces…

A: Consideramos las dos funciones x^2+1 y x^2-1.

E: Bien. ¿Cómo calculamos el límite? ¿Puedes aplicar la definición de función continua?

A: Aplicando la definición de continuidad, dado que $x_0=1$ puedo sustituir 1 en las dos funciones y obtengo respectivamente 2 y 0.

Y: ¿Has entendido por qué podemos sustituir 1 en la x en el numerador y no en el denominador?

A: Sí, ahora me queda claro.

E: Muy bien, felicitaciones; puedes irte.

10º grado

La docente pide a un estudiante resolver la ecuación $x^2+1=0$ sin realizar ningún cálculo. El estudiante no respeta la condición de la docente y resuelve la ecuación:
$x^2= -1$, $x=\pm-1$.

A: Puesto que la raíz de un número negativo no se puede hacer, la ecuación es imposible.

Docente: Te he pedido resolverla sin hacer cálculos.

A: Mi razonamiento es correcto, la ecuación es imposible. Cuando se lleva un número a la derecha se cambia de signo y la raíz de un número negativo no se puede hacer.

Docente: Lo que has hecho es correcto, pero veamos si conseguimos resolver la ecuación sin hacer cálculos.

A: No se me ocurre nada.

Docente: ¿Qué significa encontrar la solución de una ecuación?

A: Resolverla, encontrar el valor de la x.

Docente: Sí, pero que significa encontrar el valor de la x?

A: Llevo todas las x a un solo lado y los números para la otra, luego divido ambos miembros de la ecuación por el número que multiplica la x.

Docente: Pero ¿cómo puedes decir que esa es la solución?

A: Llego a escribir x igual a un número y esa es la solución.

Docente: ¿La solución es la x o el número?

A: El número.

Docente: Exacto, pero ¿cómo puedes decir eso?

A: No lo sé.

Docente: Probemos con una ecuación muy simple.

Escribe: x-1=0.

Docente: Aplicando lo que me has dicho obtengo x=1. ¿Cierto?

  A: Sí.

Docente: Si sustituyo 1 en x en la ecuación; ¿Qué obtengo?

  A: 1-1=0.

Docente: ¿Esta igualdad es verdadera?

  A: Sí.

Docente: ¿1 es una solución de la ecuación?

  A: Sí.

Docente: Volvamos a la ecuación $x^2+1=0$. ¿Cómo puedes resolverla sin hacer los cálculos?

  A: No lo sé.

Docente: De acuerdo con el razonamiento anterior, ¿cuándo un número es una solución?

  A: Cuando x es igual a ese número.

Docente: Pero ese número, ¿Que propiedades debe tener? (La docente invita al estudiante a referirse a los pasos que han realizado en la solución de la ecuación x-1=0).

  A: Si sustituyo obtengo 0=0.

Docente: No necesariamente; pero debe ser una igualdad verdadera.

  A: Sí, así es.

Docente: Si vamos a sustituir los números en lugar de la x en $x^2+1=0$, ¿Qué sucede? Prueba con 0, por ejemplo.

  A: 1=0.

Docente: Entonces, ¿0 es una solución?

  A: No.

(La docente invita al estudiante a probar con otros números y comprobar que la igualdad que se obtiene es falsa. El estudiante no capta el sentido de la cosa. La docente cambia estrategia).

Docente: 1 ¿Qué tipo de número es?

  A: Un número entero.

Docente: Sí, pero ¿Qué signo tiene?

  A: Positivo.

Docente: ¿Puede ser igual a cero?

  A: No.

Docente: Bien, ¿Y x^2?

    A: Positivo.

Docente: Un número estrictamente positivo sumado a un número positivo ¿Puede ser igual a cero?

    A: No.

Docente: ¿La ecuación puede tener solución?

    A: No.

Docente: Analizando los signos de los sumandos que aparecen en el primer miembro de la ecuación, se ve, sin hacer cálculos, que la ecuación es imposible. ¿Verdad?

    A: Sí.

Docente: Bien.

2.4. Una muy breve conclusión

Se nota inmediatamente que el ejemplo inicial, en la obra de Pagnol, era relativo a un dictado de idioma y que nosotros, desde Brousseau en adelante, lo estudiamos desde el punto de vista de la matemática. Esto significa que el efecto Topaze es típico de las situaciones del aula en general y no solamente se da en la matemática, que las didácticas disciplinares se refuerzan una a la otra y que cada una trae una fuente de ejemplos hechos en la otra, que existen temas comunes a las diferentes didácticas disciplinares. Lo que podría lograr frutos interesantes en futuros estudios.

Referencias bibliográficas

Brousseau, G. (1986a). Fondements et méthodes de la didactique des mathématiques. *Recherches en didactique des mathématiques*, 7(2), 33-115.

Brousseau, G. (1986b). *La théorization des phénomènes d'enseignement des mathématiques*. Thèse. Bordeaux 1.

Brousseau, G. (2008). *Ingegneria didattica e epistemologia dell'insegnante*. Bologna: Pitagora.

Brousseau, G., D'Amore B. (2008). Buoni e cattivi usi delle analisi di tipo meta nell'attività didattica. En: D'Amore B., Sbaragli S. (eds.) (2008). *Didattica della matematica e azioni d'aula*. Actas del Convegno Nazionale "Incontri con la matematica", n. 22, 7-9 noviembre 2008, Castel San Pietro Terme. Bologna: Pitagora. 3-13.

D'Amore, B. (2006). Didattica della matematica "C". En: Sbaragli S. (ed.) (2006). *La matematica e la sua didattica, vent'anni di impegno*. Actas del Convegno Internazionale homónimo, Castel San Pietro Terme (Bo). 23 settembre 2006. Roma: Carocci. 93-96.

D'Amore, B., Fandiño Pinilla, M. I., Marazzani, I., & Sbaragli, S. (2008). *La didattica e le difficoltà in matematica*. Trento: Erickson.

Pagnol, M. (1931). *Topaze*. Parigi: Fasquelle. [Se han hecho varias ediciones, con editoriales diferentes: la más reciente: 2004, Paris: Éditions du Fallois].

CAPÍTULO 3

Efectos Jourdain y Dienes

3.1. Jourdain en una comedia francesa

Jean-Baptiste Poquelin (1622 – 1673) es un agudísimo dramaturgo y actor teatral francés conocido con el pseudónimo de Molière.

Molière. Retrato de Nicolás Mignard.

Romain Duris interpreta Molière en el film de Laurent Tirard: *Las aventuras amorosas del joven Molière.*

Su padre Jean, tapicero del rey, era un artesano adinerado. Su madre Marie Cressé, hija de tapiceros y comerciantes, murió cuando su hijo tenía solo diez años. La prosperidad económica de la familia permitió a Jean-Baptiste estudiar en las mejores escuelas, frecuentar a la nobleza, a la mejor burguesía de su tiempo y obtener el título de abogado en Orléans. Sin embargo, en las aspiraciones del joven Jean-Baptiste no estaban las de ser abogado, ni la de ser tapicero. De hecho, decidió dedicarse al teatro, un ambiente que lo atraía y lo fascinaba desde niño, desde cuando iba al Hotel de Bourgogne y al Pont Neuf, donde podía asistir, en compañía de su abuelo materno, Louis Cressé, a las representaciones de los cómicos italianos y las tragedias de los *comediantes*.

En 1659, después de 15 años de trabajo en provincia, conquistó al público parisino y a la corte con *Las preciosas ridículas*, y renovó el teatro cómico. Después de muchos éxitos, Molière escribió *El burgués gentilhombre*, una comedia-ballet (género creado por él) para la diversión del rey Luís XIV de Borbón (1638-1715) y reconocida por el público de todos los tiempos como una indiscutible obra maestra; las fiestas de octubre en la corte de Le Roi Soleil fueron el marco para el estreno de la obra, el 14 de octubre de 1670.

Es la historia de Jourdain, un rico mercader que aspira a recibir un título de nobleza. Para obtener el título quiere aprender los "buenos modales", entonces contrata un docente de danza, uno de esgrima y uno de filosofía a quienes les paga una fortuna en honorarios; estos, para caer en las gracias de quien les paga tan buen honorario, no escatiman en adulaciones vacías para su estudiante.

Todos se burlan de él, llenándolo de falsos elogios y comparándolo continuamente a un noble tanto en los modos como en el objeto de enseñanza de cada uno de ellos.

Él, quien no puede entender las referencias que hacen los docentes porque no conoce ni la nobleza, ni las artes por ellos enseñadas, cae en sus trampas y se jacta con los miembros de su familia.

Incluso un sastre se burla de él confeccionándole un traje ridículo.

Sastre: He aquí el traje más hermoso que jamás se haya visto en la corte, y es el más adecuado. ¡Es una obra maestra haber inventado un vestido serio, sin caer en el usual negro! Y desafío a los mejores sastres a ser mejores y más rápidos.

Monsieur Jourdain: Pero ¿qué es todo esto? Usted ha puesto las flores hacia abajo.

Sastre: No me habéis dicho que las querías hacia arriba.

Monsieur Jourdain: ¿Hace falta decirlo?

Sastre: Sí, es necesario. Los nobles las llevan de este modo.

Monsieur Jourdain: ¿Los nobles llevan las flores hacia abajo?

Sastre: Ciertamente, señor.

Monsieur Jourdain: ¡Oh! Entonces está bien así.

Sastre: Si usted lo prefiere, las pondré hacia arriba.

Monsieur Jourdain: No, no.

Sastre: Basta con que me lo diga.

Monsieur Jourdain: No, os digo que lo habéis hecho muy bien. ¿Creéis que el traje me quedará bien?

La criada Nicole, que se ríe a carcajadas de él y de su vestimenta ridícula, se le reprocha por no entender el mundo de la nobleza.

En el año 2011, el Teatro Libre de Chapinero, Bogotá, puso en obra *El burgués gentilhombre* con el actor Jorge Plata interpretando a El señor Jourdain, bajo la dirección de Ricardo Camacho.

3.2. Jourdain, una comedia francesa y la didáctica

¿De qué manera es posible vincular la comedia francesa del siglo XVII con la didáctica?

Quien se ocupa de la didáctica de la matemática conoce esta comedia no solo por el valor artístico que esta tiene, sino también por los comportamientos ligados a su personaje principal, Monsieur Jourdain. Brousseau ha puesto de manifiesto un modo de comportamiento de los docentes relacionadas con ciertas actitudes de Monsieur Jourdain y de sus tutores, actitud que llamó «efecto Jourdain». Veamos de cerca en qué consiste, entrando directamente en el desarrollo de la comedia.

Acto Segundo, Cuarta Escena

Monsieur Jourdain ha convocado a su docente de filosofía y discuten sobre qué tema debe estudiar.

Docente de filosofía: Para orientarse a abordar esta materia como un filósofo, usted tiene que comenzar de acuerdo al orden de las cosas, a partir de un conocimiento exacto de la naturaleza de las letras del alfabeto, y de las diferentes maneras de pronunciar cada una. En cuanto a esto, hay que decir que las letras se dividen en vocales -llamadas así porque expresan las voces- y en consonantes -así llamadas porque hacen juego con las vocales e indican las diversas articulaciones de la voz. Las vocales son cinco: A E I O U.

Monsieur Jourdain: Hasta aquí lo entiendo todo.

Docente de filosofía: La vocal A se forma abriendo bien la boca: A.

Monsieur Jourdain: A, A. ¡Es verdad!

Docente de filosofía: La vocal E se forma acercando la mandíbula inferior a la superior: A, E.

Monsieur Jourdain: A, E, A, E. ¡Por mi alma!, ¡Sí! ¡Ah, es una cosa estupenda!

Docente de filosofía: La vocal I, acercando aún más las mandíbulas, y alejando las comisuras de los labios hacia las orejas: A, E, I.

Monsieur Jourdain: A, E, I, I, I, I. ¡Es muy cierto, que viva la ciencia!

Docente de filosofía: La vocal O se forma reabriendo las mandíbulas y restringiendo los labios a los dos ángulos de la boca: O.

Monsieur Jourdain: O, O. ¡Nada más exacto! A, E, I, O, I, O. ¡Es maravilloso!, I, O, I, O […]

Se destaca la incompetencia de Monsieur Jourdain para valorar lo que se le propone como arte elevado: para él las referencias hechas por sus tutores son culturalmente inaccesibles. En el diálogo reportado, el docente de filosofía, con la excusa de enseñarle la correcta pronunciación de vocales, le obliga a hacer el ridículo. Monsieur Jourdain no solo no se da cuenta en absoluto, sino que está satisfecho y se complace de sí mismo, de su talento y su habilidad para apropiarse de la técnica del filósofo.

¿Qué estamos tratando de mostrar?

El docente no tiene interés real en un *aprendizaje significativo* del estudiante, solo quiere obtener la satisfacción de éste frente a una tarea trivial que consiguió hacer bien. El docente evaluará positivamente su acción porque la respuesta a la tarea es la que él mismo espera. No importa cómo ha llegado a la respuesta esperada. Que el docente se comporte de esta manera es algo que sucede muy a menudo en el aula, muchas veces el docente mismo no se da cuenta de que está arrastrando a su estudiante a una situación muy influenciada por este comportamiento, situación que desde el punto de vista del aprendizaje es extremadamente negativa.

Constituye una de *las expectativas del docente respecto del estudiante*.

Pero el estudiante sabe que, una vez iniciada la actividad, el docente se encargará de proponer medios para que él llegue a la respuesta esperada.

La creencia de que el aprendizaje es significativo cuando se hace a través de un descubrimiento personal de los estudiantes, lleva al docente a buscar esto, a proponerlo en todos los sentidos, al punto que cae en la ambigüedad didáctica de desplazar los objetivos educativos de los estudiantes, llevándoles a la búsqueda de satisfacción de las expectativas del docente y, por tanto, a intentar realizar sus trabajos sobre la base de las expectativas del docente, actividad que la sociología describe como "meta prácticas" (D'Amore, 2005).

Basta con esperar, aunque a veces hay que recordar al docente que deberá proporcionar el medio, el procedimiento, el algoritmo que pueda conducir a la respuesta.

Constituye una de *las expectativas de los estudiantes en relación con el docente*.

El docente está perfectamente consciente de que forma parte del sistema educativo y sabe que su papel, reconocido por la sociedad, es enseñar un saber. Íntimamente piensa que si el saber, si el objeto de enseñanza por el cual él fue llamado no se ha aprendido, él no ha hecho bien su trabajo y por esto podría recibir críticas de los miembros de la sociedad que lo ha elegido.

Constituye una de *las expectativas de la sociedad en relación con el docente.*

Nos encontramos ante actitudes que son generalmente reconocidas en el contrato didáctico, en concreto se denominan «efecto Jourdain».

Una de las formas más comunes del efecto Jourdain es aquella que Brousseau (2006) llama *abuso de analogía.*

¿En qué consiste?

El docente que no ha tenido éxito en su clase busca una estrategia con la que pueda encontrar una solución al fracaso que sus estudiantes manifestaron frente a la resolución de un problema escolar de matemática. La solución encontrada es la siguiente: propone a sus estudiantes un problema que él considera *análogo* al problema que había propuesto anteriormente, y en el cual ellos habían fracasado.

Tras el fracaso, él mismo resuelve, por cuenta de los estudiantes, el problema, mostrándoles la solución y todos los distintos pasos que conducen a ésta.

Propone entonces un "nuevo" problema, el cual es similar en todos los aspectos a aquel que no se pudo resolver previamente, con la esperanza de que los estudiantes reconocerán las similitudes y utilizarán la corrección y la explicación que el docente ha dado para reproducir el mismo método de resolución. El docente recomienda fuertemente a sus estudiantes buscar y utilizar esta analogía.

¿Qué sucede?

El estudiante, presionado por las solicitudes de su docente (podemos llamarlas sugerencias), resuelve con éxito el problema análogo:

— el docente vive este momento como un momento de éxito personal: está feliz por haber encontrado la estrategia ganadora, sus estudiantes responden lo que él espera;

— el estudiante vive este momento como un momento de éxito: él sabe que ha resuelto un problema y que ha obtenido la aprobación del docente.

En realidad, ¿qué es lo que ha sucedido?

El estudiante produce la respuesta exacta al problema, no porque lo haya entendido a partir del enunciado, no porque él haya comprendido y resuelto el problema, no porque se haya apropiado del objeto matemático en juego, sino simplemente porque ha establecido una semejanza con otro ejercicio; él no ha hecho más que reproducir una solución hecha por otros para él (D'Amore, 2007).

Más aún, hace poco hablábamos del hecho de que tanto el docente como el estudiante viven este momento como un momento positivo: pero es solo una ilusión, tanto para el uno como para el otro.

«Este 'abuso de la analogía' es una de las formas más comunes del efecto 'Jourdain', uno de los efectos del contrato didáctico. El docente obtiene la respuesta esperada con medios banales (sin valor) y hace creer al estudiante que ha realizado una actividad científica en forma autónoma» (Brousseau, 2006, p. 56).

El estudiante, consciente del hecho de que lo que él realizó era una solicitud del docente, creerá haber comprendido la cuestión matemática que está en juego, pero no ha hecho otra cosa que interpretar una intención didáctica expresada explícitamente por el docente, y ha proporcionado en consecuencia la respuesta esperada, pero sin construir conocimiento matemático.

3.3. Efecto Dienes

Zoltan Paul Dienes (1916 – 2014), húngaro y poseedor de varios títulos académicos, fue considerado durante mucho tiempo "experto" en el sector de la didáctica de la matemática que se basa enteramente en la enseñanza. Los instrumentos que creó, conocidos en casi todo el mundo, son los "bloques lógicos": objetos de plástico o de madera de diferentes colores, tamaño y grosor que muchos docentes de escuela primaria y de preescolar reconocen (reconocieron) como sinónimo de la lógica y de la matemática para esos niveles escolares.

Dienes elige para sí mismo el apelativo de "Maverick" y esto nos obliga a una breve reflexión para entender mejor su posición personal.

El término "Maverick" en los días del *Far West* (Lejano Oeste), designaba una cabeza de ganado aún no marcado. Actualmente tiene el sentido de "bateador libre".

En la cinematografía, existe una serie de televisión, *Maverick*, emitida en los Estados Unidos entre 1957 y 1961, un jugador de póker del Lejano Oeste, protagonizada por James Garner (1928-2014).

James Garner es Bret Maverick. Cartel de la película.

En 1994, se convirtió en una película dirigida por Richard Donner en la que Maverick es interpretado por Mel Gibson, quien narra las peripecias que un jugador de póker está dispuesto a hacer para jugar al póker.

En la elección de este apelativo, quizás Dienes ha querido subrayar su estado de "bateador libre" o pregonero, agente, propagandista o vendedor libre, desvinculado de la comunidad científica académica en cuanto a sus teorías que vieron vencedora la idea de proponer «a los estudiantes, en forma de juegos, situaciones basadas en estructuras matemáticas que ellos debían hacer funcionar simplemente jugando y que constituyen el objeto de enseñanza que el docente aspira enseñar» (Martini, 2000).

Pero desde 1970 comenzaron a circular fuertes señales de rechazo de estas hipótesis didácticas. En 1970 salió en francés un célebre artículo del matemático René Thom (1970): *Matemática moderna: ¿Un error educativo y filosófico?* Cabe recordar que en 1958 Thom había ganado la Medalla Fields, el equivalente del Premio Nobel de la matemática; por lo tanto su entrada en el campo tuvo un peso nada despreciable. Este artículo contenía, en poquísimas páginas, un certero y crítico análisis que despertó de repente el interés de los matemáticos sobre los problemas de la educación matemática. Posteriormente, en 1972, el mismo Thom repitió su pensamiento en el II Congreso Internacional sobre la educación matemática que se celebró en Exeter, Inglaterra (Thom, 1973). Otro soberbio golpe decisivo llegó por parte de otro célebre personaje, el famoso historiador de la matemática estadounidense Morris Kline (1908-1992) (1973). El trabajo, titulado: ¿Por qué Juanito no sabe sumar?, tenía como subtítulo un explícito: *el fracaso de la matemática moderna*. Después del ataque de los matemáticos, llegó el ataque de los psicólogos [...] (D'Amore, 1999).

Entre las posiciones críticas en relación con dichos instrumentos y las ideas que los sustentaban, está la ilustre crítica de Brousseau, que plantea la pregunta:

¿Si las reglas del juego se corresponden con los conocimientos por enseñar, cómo puede jugar el estudiante? O él ya posee estos conocimientos (y la enseñanza, entonces, es inútil) o el docente las enseña al estudiante (y el juego no tiene más interés) o, por último, el buen funcionamiento de este proceso puede explicarse solo por la existencia de un contrato didáctico gracias al cual el estudiante descubre, en el discurso del docente, la regla oculta del juego (Brousseau, 1986b).

Hay que considerar además la fuerte ilusión en la que cae el docente.

Frente a las propuestas de trabajo hechas por el "experto", el docente se siente un intermediario entre el experto y el estudiante, reiterando en clase lo que ha oído proponer y destacar por el experto en cursos de actualización o que leyó en textos; de este modo ya no se siente más responsable del aprendizaje de sus propios estudiantes.

El docente se exime de responsabilidad al admitir, en primer lugar consigo mismo, que no es nada más que un punto de conexión entre el estudiante y el saber y que, en el momento en que se hace la conexión, puede no implicarse y mirar de manera indiferente, a distancia, lo que sucede.

No le importa realmente el aprendizaje, aunque en modo efímero parezca que lo exige: quiere solamente que se dé la respuesta que el "experto" ha previsto y comunicado para ese tipo de situación.

Es parte de *las expectativas del docente respecto de los estudiantes.*

El estudiante juega y comprende que el interés real del docente es oírle pronunciar la respuesta (o la frase) que espera y sabe también que en cierto modo, tarde o temprano, el docente le hará saber cuál es la regla escondida o cuál es la frase que él quiere oír.

Es parte de las *expectativas de los estudiantes respecto del docente.*

También en este caso el estudiante no ha aprendido nada, pero la ilusión es total.

Es una de las formas más comunes de *contrato didáctico* que Brousseau llamó "efecto Dienes": «Cuanto más el docente esté plenamente convencido del éxito por efectos independientes de su esfuerzo personal, más fracasos obtendrá» (Brousseau, 1986a).

También en este caso el estudiante no ha aprendido nada, pero la ilusión es total.

De nuevo, en este caso, lo que determina tal modo de actuar recae en lo que Brousseau denomina *epistemología del docente* (Brousseau, 2008; D'Amore, 2006; Brousseau & D'Amore, 2008).

Presentamos aquí algunos ejemplos que se refieren a los comportamientos identificables como efecto Jourdain y efecto Dienes. Son ejemplos que han sido reportados por los propios protagonistas, los docentees que se han dado cuenta de que eran agentes de situaciones contractuales y, en forma positiva, han realizado un eficaz auto-análisis didáctico.

3.4. Ejemplos

Efecto Jourdain – 7° grado

El docente asigna un problema a sus estudiantes:
«La suma de las longitudes de dos segmentos es de 48 cm. Uno de estos es $\dfrac{3}{5}$ del otro. Calcular la medida de las

longitudes de los dos segmentos».

El fracaso es casi total. Los estudiantes no son capaces de resolver el problema. El docente propone en el tablero la solución:

Representemos el primer segmento AB y dividámoslo en 5 partes congruentes. Representemos luego el segundo segmento CD y dividámoslo en 3 partes congruentes.

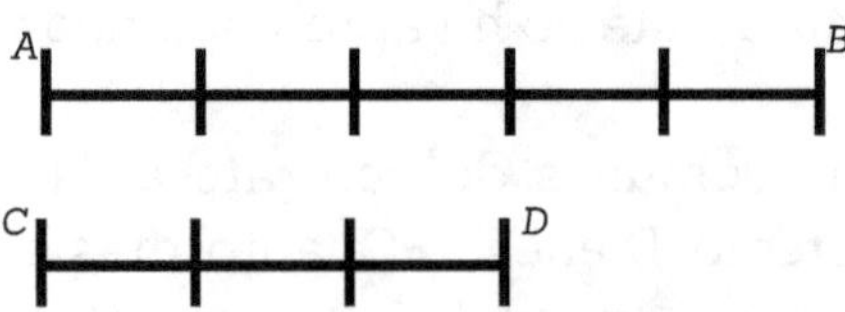

Representamos ahora un segmento *EF* cuya medida sea la suma de $\overline{AB} + \overline{CD}$

Podemos observar que la suma, 48, es un segmento formado por 5+3=8 partes congruentes, cada una de las cuales es por tanto 48÷8=.

Multiplicando 6 respectivamente al 3 y al 5 obtenemos las medidas de los segmentos *AB* y *CD*, es decir $\overline{AB} + \overline{CD}$ que buscábamos.

Los estudiantes, siguiendo paso a paso el procedimiento escrito en el tablero, realizan los cálculos. Cuando el trabajo está hecho, el docente propone otro problema.

«La suma de las edades de dos hermanos es de 20 años y la edad de uno de ellos es $\frac{2}{3}$ de la edad del otro. Encuentra las dos edades».

Antes de dejar a los estudiantes la libertad de arriesgarse a producir una solución al problema les invita a hacer algunas reflexiones.

Docente: Atención chicos. También en este caso se habla de la suma de dos números. También en este caso un dato es fracción del otro. No les estoy diciendo cómo deberían actuar, solamente les recuerdo estas dos cosas, y quizás les viene a la mente lo que ya hemos hecho y cómo se trabaja en casos como este. Deben pensar en segmentos… Buen trabajo.

Muchos estudiantes resuelven bien el problema.

Efecto Jourdain - Escuela primaria, 3° grado

El docente asigna un problema a sus estudiantes:

«Un ciclista recorre 162 km en 6 horas. ¿Cuántos km recorre por cada hora? Y, a la misma velocidad, ¿cuántos kilómetros recorrería en 8 horas?»

Sucede que la mayoría de los estudiantes de la clase fracasa: el problema no es resuelto casi por nadie. El docente se siente en crisis: ¿qué está sucediendo?

Busca, por lo tanto, una estrategia que puede ofrecer la solución al fracaso de sus estudiantes.

Docente: Escuchen bien todos. Cada vez que se encuentren frente a un problema de matemática ustedes tienen que considerar muy bien la pregunta, porque allí encontrarán la información necesaria para guiarlos en la solución del problema. Subrayan la pregunta.

Ante esta solicitud, los estudiantes subrayan las dos frases que contienen un signo de interrogación.

Docente: Muy bien, ahora debemos buscar la información necesaria para resolver nuestras preguntas. ¿Dónde la podemos encontrar?

Un estudiante responde a esta pregunta: ¿En el texto del problema?

Docente: Muy bien. Busquemos. Vamos a empezar con la primera pregunta. ¿Cuántos kilómetros recorre el ciclista?

Estudiantes: 162.

Docente: ¿En cuánto tiempo?

Estudiantes: En 6 horas.

Docente: ¿Cuántos kilómetros recorre en una hora? Necesitamos de una operación aritmética para hacer el cálculo. ¿Cuál?

Estudiante: La división.

Docente: Muy bien.

Mientras el docente habla a sus estudiantes, escribe en el tablero el procedimiento elegido.

¿Cuántos km recorre el ciclista cada hora?

¿Cuántos km recorre el ciclista?   *¿En cuánto tiempo?*

Añade luego los datos numéricos y la operación.

¿Cuántos km recorre el ciclista cada hora?

¿Cuántos km recorre el ciclista?   *¿En cuánto tiempo?*

162 km   ÷   *6 horas*

Docente: Ahora preocupémonos por responder a la segunda pregunta. ¿Dónde podemos encontrar la información necesaria?

Estudiantes: En el texto del problema.

Docente: Muy bien. ¿Cuántos kilómetros recorre el ciclista en una hora?

Estudiantes: 27.

Docente: Muy bien. ¿Cuántas horas nos piden en la pregunta del problema?

Estudiantes: 8.

Docente: ¿Cuál es la operación que nos sirve para calcular cuántos kilómetros recorrerá en 8 horas, si nosotros sabemos que en una hora él recorre 27?

Estudiantes: La multiplicación.

Docente: Muy bien.

También en este caso, escribe el procedimiento.

¿Cuántos km recorre (el ciclista) en 8 horas?

¿Cuántos km recorre el ciclista en una hora?

¿Cuántas son las horas a considerar?

De nuevo añade los datos numéricos y la operación oportuna

¿Cuántos km recorre (el ciclista) en 8 horas?

¿Cuántos km recorre el ciclista en una hora?

¿En cuántas son las horas a considerar?

162 km   x   *8 horas*

Ahora, el docente presenta un nuevo problema a los estudiantes.

«Un ciclista recorre 496 km en 4 horas. ¿Cuántos km recorre cada hora? Y, a la misma velocidad, ¿Cuántos kilómetros recorrería en 12 horas?»

Esta vez muchos estudiantes resolvieron correctamente el problema.

Efecto Jourdain – Escuela primaria, 4° grado

El docente está trabajando en clase sobre la clasificación de los cuadriláteros. Propone a los estudiantes identificar el cuadrilátero de acuerdo con las características dadas y proporcionar así el nombre correspondiente.

Cuadrilátero 1 – Tiene siempre los ángulos de 90°.

Cuadrilátero 2 – Tiene siempre lados congruentes y podría tener ángulos de 90°.

Los estudiantes responden "rectángulo" a la primera pregunta y "cuadrado" a la segunda. El docente no está satisfecho y decide intervenir.

Docente: No alcanzo a comprender qué debo hacer para hacerles leer todo y para hacerles reflexionar sobre lo que leen. ¿Han leído bien?

Estudiante: (…) ¿Qué debíamos leer?

Docente: En la primera frase, por ejemplo, hay una palabra sobre la cual ustedes no han puesto la atención. La palabra es "siempre" [pone de relieve con la voz esta palabra]. No solo el rectángulo tiene siempre ángulos de 90°.

Estudiante: También el cuadrado es así.

El docente asiente con la cabeza y todos los estudiantes escriben cuadrado en el cuaderno continuando la respuesta a la pregunta 1.

Docente: Sigamos adelante. En el segundo caso el cuadrilátero examinado es un cuadrilátero que tiene sus lados congruentes y que "puede tener" [pone de relieve con la voz estas dos palabras] ángulos de 90°. Este "puede tener" significa que no siempre es así. ¿Existe un cuadrilátero con los lados congruentes que no siempre tiene los ángulos de 90°?

Estudiante: El rombo.

El docente asiente con la cabeza y todos los estudiantes escriben rombo en el cuaderno.

Efecto Dienes – Escuela primaria, 1er grado

El docente propone juegos con los números en color [regletas plásticas o de madera de colores diseñados por Caleb Gattegno (1911-1988) y realizados por Georges Cuisinaire (1891-1975)] para sus propios estudiantes.

Después de algún tiempo, el resultado obtenido es que sus estudiantes aprendieron que blanco (una pieza que representa

1) y rojo (una pieza que representa 2) hacen un verde (una pieza que representa 3).

Propone una pregunta a los estudiantes:

Docente: Mediante la adición de 2 + 3, ¿qué se obtiene?

Los estudiantes (al unísono): ¡Amarillo!

Docente: Pero, ¿qué quiere decir amarillo?

Estudiante: Sí, porque tú debes hacer rojo más verde y hace amarillo, mira. El estudiante toma de la caja de los números en color las piezas que representan los números y demuestra que su respuesta es correcta.

El docente no entiende qué está sucediendo: para poder llegar a la respuesta "5" ¿Qué debería hacer? Proponer actividades diversas o confiar en las competencias ya poseídas por los estudiantes. ¿A qué se debe que los estudiantes no han aprendido como se esperaba? El docente se compara con una colega a quien refiere lo que ha sucedido en clase.

Colega: No puedes utilizar este material así como te lo han vendido. Deberías verificar antes qué competencias tienen tus estudiantes...

El docente la interrumpe: ¡Pero no! El autor de este instrumento conoce a los niños. Él dice que este material funciona.

Colega: Pero quien lo inventó no puede conocer a tus estudiantes. Eres tú quien debe trabajar con ellos.

Docente: Además, las otras colegas que estaban en el curso también usarán el material. ¿Cómo se hará sin este material?

Colega: Qué tiene que ver el material, si funciona o no funciona. Tus estudiantes no han hecho un buen trabajo y tú eres su docente

Docente: Pero también he leído el libro que presenta el material, éste indica cómo usarlo y yo lo he utilizado bien. He seguido cuidadosamente todas las indicaciones.

Colega: No puedes confiar ciegamente en un manual. Tú eres responsable del aprendizaje de tus estudiantes.

Docente: ¿Yo? ¡Pero bueno! ¿Qué tiene eso que ver conmigo? ¡Siempre he utilizado el material!… ¡Y el material funciona!

Efecto Dienes – Escuela primaria, 5° grado

Dos docentes de escuela primaria participan en un curso de formación en didáctica de la matemática en la que se abordan algunas cuestiones relativas a las misconcepciones geométricas. El docente habla del ángulo y de las ideas erróneas que puede generar la representación universalmente admitida y empleada, la del pequeño arco que une los dos lados, cerca del vértice. Aconseja no mostrar solo esta representación y proponer otras en clase. Entre otras tantas sugiere hacer colorear a los estudiantes toda la parte de espacio gráfico comprendido entre las semirrectas. Los dos docentes decidieron proponer experiencias siguiendo las sugerencias del docente. Después de algún tiempo, los dos se encuentran de nuevo juntos.

Docente A: El día después del curso, llegué a clase, y le pedí a mis estudiantes cancelar del libro de texto y del cuaderno todas las representaciones con el "arco" y reemplazarlas coloreando todo el espacio gráfico incluido entre las semirrectas que definen el ángulo.

Docente B: ¿Y tus estudiantes cómo reaccionaron?

Docente A: En un primer momento no entendían por qué debían cancelar el dibujo del libro, luego no solo lo hicieron sino que también se divirtieron al hacerlo.

Docente B: ¡Entonces ha estado todo bien! ¡Las sugerencias que hemos oído en el curso funcionan!

Docente A: Las sugerencias que dieron sí. Solo que en clase tengo un grupo de estudiantes que no entienden.

Docente B: ¿Por qué?

El docente A muestra unas hojas a su colega: trabajos de sus estudiantes a propósito del ángulo.

Docente A: Para verificar sus aprendizajes he propuesto algunas preguntas entre las cuales esta [muestra la hoja].

Compara los dos ángulos identificados. ¿Cómo son entre sí? ¿Alguno es más grande? De ser así ¿cuál?

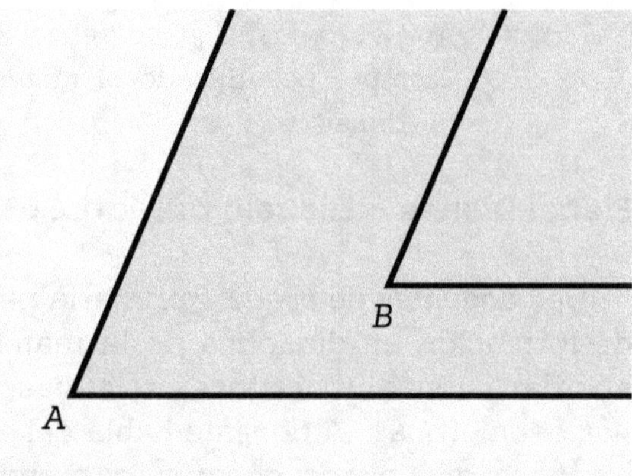

Docente B: ¿Cómo esperabas que te respondieran?

Docente A: Me esperaba que al menos la mitad de la clase dijera que los dos ángulos son iguales, pero nada. Respondieron todos que es más grande el ángulo A. Es muy extraño, pero yo hice lo que aconsejaba el docente del curso

Docente B: ¿Qué hiciste entonces?

Docente A: Les propuse otra pregunta [muestra otra hoja].

Compara los dos ángulos identificados ¿cómo son entre sí? ¿Alguno es más grande? De ser así ¿cuál?

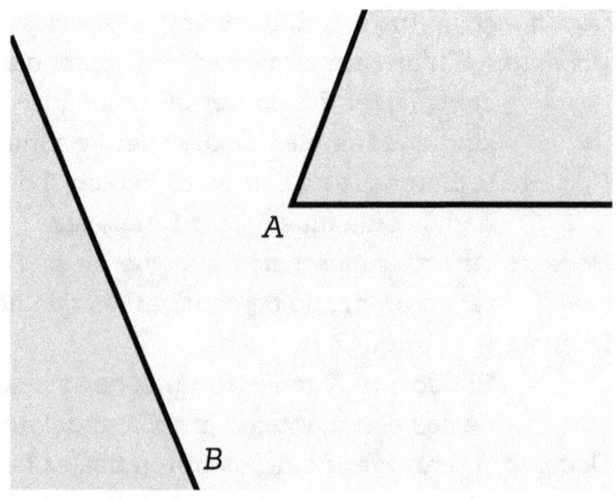

Docente B: ¿Y en este caso como te ha ido?

Docente A: Del mismo modo. Casi todos han respondido que hay un ángulo más grande del otro: el ángulo B.

Docente B: Ciertamente, no es de esperar que sucediera así.

Docente A: No, definitivamente. No sé a qué se debe. Yo no tuve nada que ver en ello. He hecho todo lo que he escuchado proponer en clase y el docente es muy bueno. Si los estudiantes no han entendido no es culpa mía.

Efecto Dienes – Curso de formación para docentees de la escuela primaria

Algunos docentes participan en un curso de actualización cuyo tema es "Problemas: Dificultades de resolución". El experto, de manera enfática, sostiene que generalmente los estudiantes tienen dificultades para resolver un problema escolar ya que no siempre son capaces de encontrar un proceso resolutivo que responda a la pregunta planteada en el problema, porque no siempre son capaces de identificar las operaciones necesarias y porque no son capaces de organizar los datos en su hoja de trabajo de manera que todo esté ordenado.

Propone, por lo tanto, siempre con énfasis, una forma de trabajar en clase que, según él, podría ayudar a los estudiantes en la resolución de problemas: un procedimiento algorítmico que anula la complejidad de un problema subdividiéndolo en una serie de pasos consecutivos que se derivan a partir de la pregunta que plantea el enunciado.

El compromiso lleva a un docente de primaria (A) a proponer a sus estudiantes en clase las indicaciones de trabajo recibidas en el curso, las cuales se convierten en "el instrumento infalible para resolver problemas".

Después de algunos días, el docente A se da cuenta de que este modo de proceder no funciona sino con los problemas análogos a los explicados en el tablero por él.

El docente se encuentra con un colega B y le habla de su experiencia.

Docente A: He tomado un curso de actualización en que se hablaba de problemas. El docente ha presentado una modalidad de trabajo que, como ha dicho él, funciona. Solo que en mi clase, no he tenido un resultado positivo.

Docente B: ¿Por qué, qué ha sucedido?

Docente A: He propuesto la metodología indicada por el docente. He explicado a mis estudiantes que conviene examinar la pregunta o petición del problema y luego, por etapas sucesivas, cómo se llega a la solución del problema. También hemos diseñado los diagramas a través de los cuales ellos pueden orientarse.

Docente B: ¿Y tus estudiantes no utilizan este método de trabajo?

Docente A: Sí. Si propongo paso a paso el modo de proceder todo va bien. Incluso va todo bien al proponer un problema que resolvemos todos juntos y luego propongo problemas similares…, digamos por categorías.

Docente B: Entonces el método funciona.

Docente A: En efecto funciona. Sí, diría que sí.

Docente B: ¿Cuál es tu preocupación?

Docente A: En el caso de los problemas en general, mis estudiantes están en las mismas condiciones que antes. No resuelven todos los problemas, solo aquellos que se asemejan a los que ya explicamos. Funciona solo en estos casos.

Docente B: No entiendo de qué pueda depender este particular modo de proceder.

Docente A: No lo sé. El método funciona, lo ha dicho el docente, yo he hecho todo lo que él ha aconsejado. En realidad no lo sé. No tiene nada que ver conmigo. El experto ha dicho que se debe hacer uso de diagramas para la resolución y yo lo he hecho. Yo estoy bien, depende de la falta de lógica: los niños no tienen la suficiente.

Efecto Dienes – Licenciatura en ciencias de la educación primaria, período de prácticas

Una estudiante se dirige al supervisor pidiendo una opinión sobre la elección hecha por ella para la propuesta de trabajo en clase: "La línea del 20 en la clase de primero".

Supervisor: ¿Qué es eso?

La estudiante: Pero cómo, ¿Usted no conoce la "línea del 20"? ¡Es un instrumento nuevo y funciona!

Supervisor: ¿Funciona para qué?

La estudiante: Para dar a conocer los números naturales hasta el 20 a los niños de primero.

Supervisor: ¿Cómo es que niños de 6-7 años no conocen números como 6 o 7, o 12?

La estudiante: Pero no, ¿qué relación tiene? Los números los conocen, pero en la escuela se deben ver estos números cuando los niños están en primero, de 1 hasta 20.

Supervisor: ¿Quién lo ha establecido?

La estudiante: Pero como… tenemos este instrumento, la "línea del 20" que es también acompañado de un libro que explica cómo se debe utilizar.

Supervisor: Entonces fue establecido por el autor de este libro. De acuerdo con él se debe utilizar este instrumento en clase de primero… ¿Y según usted?

La estudiante: ¿Pero yo qué tengo que ver? ¡Yo no puedo hacer esto sola! Hay instrumentos, métodos, sugerencias de trabajo y yo me apoyo en ellos para dar mis lecciones en clase… ¿No es así?

Supervisor: Supongamos que usted está usando este instrumento en clase, ¿quién le garantiza que los niños aprendan algo?

La estudiante: Quien lo ha escrito. Puede ver que aquí está escrito precisamente que funciona y hay también muchos otros juegos que se puede proponer, así los niños hacen matemática y se divierten.

Supervisor: Supongamos que los estudiantes de su clase no aprenden nada nuevo; usted fracasa en su labor, ya que su tarea no es solo enseñar, es hacer que los niños aprendan.

La estudiante: No, ¡qué dice! ¡Yo utilizo el instrumento y si los niños no aprenden, no es culpa mía!

Efecto Dienes – Curso de formación para docentes de la escuela primaria

Durante un encuentro de formación, una participante se acerca al docente con cierta perplejidad.

Participante: Soy una docente de la escuela primaria, y estoy tratando de hacer un buen trabajo en clase a propósito de los problemas. Muchas veces los niños están en dificultad porque no entienden el problema pero, como nos dijo un docente en otro curso, podemos ayudarles con "pequeñas palabras clave" que clasifican a los problemas.

Docente: ¿Puede dar un ejemplo?

Participante: Por supuesto. Por ejemplo, "en total" denota adición.

Docente: En su opinión ¿Está todo bien con eso?

Estudiante: Sí, por supuesto. El problema es cuando en algunos libros de grado segundo encontramos los problemas de sustracción, algunos plantean por ejemplo la pregunta, ¿Cuántas galletas quedan en total? ¿Podría usted intervenir para que estos editores eliminen estos problemas?

Docente: No entiendo por qué.

Participante: Porque el método de las palabritas clave funciona, el docente que nos lo ha explicado es brillante… Pero deberían ser adaptados los textos de los problemas.

3.5. Conclusiones

Los distintos ejemplos muestran que el efecto Jourdain es típico de las situaciones de aula en que un docente (que podría no ser de matemática sino de lengua o de historia en situaciones análogas) resuelve una cuestión para la clase suponiendo que la respuesta positiva puede interpretarse como éxito, tanto de los estudiantes como del docente mismo. Muestran también que el efecto Dienes no está ligado únicamente a los materiales estructurados que este autor ha difundido en el mundo. Cada vez que el docente elude su responsabilidad frente al aprendizaje de los estudiantes, cada vez que se lleva de manera acrítica al aula una recomendación didáctica, especialmente si es de tipo lúdico, se cae en un malentendido que no conduce al aprendizaje. También en este caso los ejemplos podrían no referirse solo a la matemática.

Todavía queda una cuestión que se podría pensar, incluso en el futuro. Los diversos ejemplos propuestos muestran que los efectos examinados no están desvinculados sino, por el contrario, encadenados uno a otro.

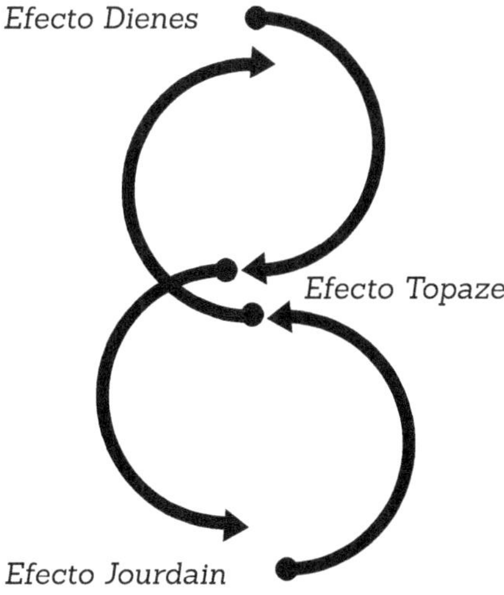

Gráfico 1. Efectos encadenados

Un docente que, escuchando los consejos de un experto, cae en las redes del efecto Dienes, buscará en todos los modos posibles obtener *esas* respuestas que el experto ha sugerido que debe esperar. El docente caerá en este modo en las redes del efecto Topaze y tratará de guiar a sus estudiantes hacia la respuesta que él mismo pretende escuchar, incluso llegando a sugerirla explícitamente. Intentará también, tarde o temprano, examinar las cuestiones no resueltas según sus propias expectativas, junto a toda la clase, entregando a los estudiantes del grupo la resolución completa del problema. Encontrará la fuerza para avanzar en este modo porque cree poder contar con el apoyo teórico de ese experto en el que se confía ciegamente.

Referencias bibliográficas

Brousseau, G. (1986a). Fondements et méthodes de la didactique des mathématiques. *Recherches en Didactique des Mathématique*, 7(2), 33-115.

Brousseau, G. (1986b). *La théorisation de phénomènes d'enseignement des mathèmatiques*. Thèse d'état. Bordeaux 1.

Brousseau, G. (2008). *Ingegneria didattica e epistemologia dell'insegnante*. Prologo de Bruno D'Amore. Bologna: Pitagora.

Brousseau, G., & D'Amore, B. (2008). Buoni e cattivi usi delle analisi di tipo meta nell'attività didattica. En: D'Amore B., Sbaragli S. (eds.) (2008). *Didattica della matematica e azioni d'aula*. Actas del Convegno Nazionale "Incontri con la matematica", n. 22, 7-9 noviembre 2008, Castel San Pietro Terme. Bologna: Pitagora. 3-13.

D'Amore, B. (1999). *Elementi di didattica della matematica*. Prólogos de Guy Brousseau, Colette Laborde y Luís Rico Romero. Bologna: Pitagora. [Versión en idioma español: D'Amore, B. (2006). *Didáctica de la Matemática*. Prólogos de Guy Brousseau, Colette Laborde y Luís Rico Romero. Bogotá: Editorial Magisterio. Versión en idioma portugués: D'Amore, B. (2007). *Elementos da Didática da Matemática*. Prólogos de Guy Brousseau, Ubiratan D'Ambrosio, Colette Laborde y Luís Rico Romero. São Paulo: Livraria da Física].

D'Amore, B. (2005). Pratiche e metapratiche nell'attività della classe intesa come società. *La matematica e la sua didattica*. 3, 325-336.

D'Amore, B. (2006). Didattica della matematica "C". En: Sbaragli S. (ed.) (2006). *La matematica e la sua didattica, vent'anni di impegno.* Actas del Congreso Internacional homónimo, Castel San Pietro Terme (Bo). 23 septiembre 2006. Roma: Carocci. 93-96.

D'Amore, B. (2007). Epistemologia, didattica della matematica e pratiche d'insegnamento. *La matematica e la sua didattica.* 3, 347-369.

D'Amore, B., & Fandiño Pinilla, M. I. (2009). L'effetto Topaze. Analisi delle radici ed esempi concreti di una idea alla base delle riflessioni sulla didattica della matematica. *La matematica e la sua didattica.* 1, 35-59.

Kline, M. (1973). *Why Jonny Can't Add?* New York: St. Martin's Press.

Martini, B. (2000). *Didattiche disciplinari. Aspetti teorici e metodologici.* Bologna: Pitagora.

Molière (1679). *Le bourgeois gentilhomme.* Parigi: Jean Ribou.

Thom, R. (1970). Les Mathématiques "Modernes": un erreur pédagogique et philosophique? *L'âge de la science.* 3, 225-236.

Thom. R. (1973). Modern Mathematics; does it exist? In: Howson A.G. (ed.) (1973). Developments in mathematics education. Proceedings II ICMI 1972. Cambridge: Cambridge Univ. Press.

CAPÍTULO 4

El contrato didáctico: una contribución teórica a la clarificación de algunas paradojas de la relación docente/estudiante

4.1. Introducción

El problema que será abordado en este capítulo es un clásico problema que podríamos formular así: ¿Cómo explicar que una parte considerable de los estudiantes, a pesar de escuchar a su docente, a pesar de hacer todo aquello que el docente les pide que hagan, incluso a pesar de memorizar aquello que el docente les pide fijar en la mente…, no entienden o entienden mal la matemática que él les enseña? En el momento en el cual alguien dice *no entiendo*, no quiere decir que fracasó, sino que le resulta difícil utilizar lo que se le enseñó, en situaciones a las que nunca se han enfrentado. Por lo tanto, es precisamente en estas circunstancias que el docente reconoce si sus estudiantes han comprendido o si han aprendido o no. Esta dificultad ha sido a menudo interpretada como un síntoma de vacío cognitivo o meta-cognitivo, que se manifiesta como la incapacidad de *transferir* sus conocimientos matemáticos de un contexto de resolución a otro.

Esta interpretación no es del todo correcta (Sarrazy, 2002). El error proviene de confundir dos categorías de reglas que caracterizan la actividad cognitiva: las que permiten describirla y aquellas que están al origen de la producción de dicha actividad. ¡No es la misma cosa! En otras palabras, un modelo (o una regla) puede ser pertinente para describir una actividad, sin ser lo que produce tal actividad. Por ejemplo, se sabe que los buenos lectores leen rápidamente, pero no por eso aconsejamos a los no tan buenos lectores que si leen más rápidamente, leerán mejor. De la misma manera, y en un contexto diferente, se sabe que, para atrapar un pez, los pelícanos no se sumergen en el punto donde lo ven, sino un poco más allá, donde efectivamente se encuentra (el conocido fenómeno óptico de refracción), pero seguramente nadie se atreverá a decir que estos pelícanos actúan *en función* de la ley de refracción de Snell-Descartes.

Esta es la interpretación que se impuso en Francia y en otros países europeos en los años 90. Este hecho ha tenido efectos desastrosos porque los docentes han cambiado el enseñar matemáticas para resolver problemas, por enseñar las estrategias de resolución y los procedimientos meta-cognitivos para aprender a resolverlos, y de esta manera los estudiantes no producen matemática. La influencia de esta corriente cognitivista se ha manifestado en muchas disciplinas escolares, pero ha afectado en mayor medida a la matemática (aún hoy en día) a causa de sus dimensiones formales y algorítmicas.

Como veremos: aprender matemática no es solamente memorizar teoremas y algoritmos, sino también, y sobre todo, permitir que el estudiante desarrolle una *actividad matemática* donde los momentos (actuar, formular, probar) se pueden modelar con la teoría de las situaciones didácticas

(Brousseau, 1998). El *contrato didáctico*, uno de los conceptos más comunes de la didáctica de la matemática, servirá para el análisis de este problema. La primera parte de este texto será dedicada a su presentación y se centrará, especialmente, en el carácter paradójico de la relación didáctica. La segunda parte mostrará la utilidad de esta noción, presentando algunos resultados de investigación a propósito de la resolución de problemas.

4.2. La doble asimetría de las relaciones docente-estudiante en la situación didáctica

Una situación de enseñanza no es solo una situación didáctica; la situación de enseñanza es mucho más amplia y mucho más compleja. La situación didáctica es un modelo (por lo tanto, parcial) de la situación de enseñanza y se puede definir por el conjunto de las relaciones entre cuatro entidades: el docente, el estudiante, el saber (en nuestro caso, la matemática) y la institución. El docente es a la vez un representante de la institución (es el garante de lo verdadero y de lo falso en el aula) y quien institucionaliza (es decir, quien da un estatus cultural a lo que los estudiantes aprenden). En la situación didáctica, el estudiante es, por definición, quien ignora el saber y esto motiva su relación con el docente. Esta ignorancia tiene consecuencias importantes: el docente no puede sostener un discurso sobre el saber o ponerlo en juego (ya que el estudiante lo ignora). Por lo tanto, esto le conduce necesariamente a organizar condiciones de encuentro entre el estudiante y el saber: es el conjunto de estas condiciones, específicas del saber, que deben ser enseñadas, es llamado *situación didáctica*.

Cada situación didáctica está estructurada por una doble asimetría.

Una primera asimetría que llamaremos "epistémica": el docente es quien sabe y el estudiante es quien no sabe, pero no solo no sabe, sino que también ignora qué es lo que debe aprender. Para aprender lo que no sabe (y que deberá saber), el estudiante debe *someterse* al docente. El "sometimiento" del cual se habla aquí no debe confundirse con la idea de servidumbre y sumisión a un poder autoritario, este sometimiento se debe entender como aquello que permite al individuo de convertirse en un sujeto (un miembro) de una institución, de una comunidad. Por ejemplo, el ritual de la tesis permite transformar al doctorando en doctor, es decir constituirse en un miembro que hace parte de la comunidad científica. El concepto de sometimiento hace eco directamente a la paradoja de la devolución en la teoría de las situaciones didácticas (Brousseau, 1998): el estudiante debe aceptar aprender aquello que no se le puede enseñar, tal obligación es seguramente contingente (en efecto, no se puede obligar a un estudiante a aprender); pero, para satisfacer dicha obligación, se requiere que el estudiante se someta libremente a las necesidades o requisitos impuestos por la situación, es decir; que se someta a su docente.

La segunda asimetría es inversa: esta vez es el docente quien debe tomar una postura "pasiva". De hecho, él no puede hacer nada, sin la participación del estudiante en su proyecto didáctico. Si el estudiante no tiene confianza en el docente, el docente no podrá hacer nada a menos que el estudiante le conceda su confianza. Un proverbio francés dice «cuando el burro no tiene sed no hay *quien pueda hacerle beber*».

Es esta doble asimetría la que el "contrato didáctico" permite esclarecer.

4.3. El contrato didáctico

El concepto fue introducido en 1978 por Guy Brousseau como una posible causa de fracaso electivo en matemática:[14] los estudiantes responden más a lo que piensan que el docente espera de ellos, en lugar de responder a lo que la situación que se les está presentando exige. Los estudian-

---

14　Los estudiantes con fracaso electivo son estudiantes «que tienen déficits en la adquisición de conocimientos, dificultades de aprendizaje o una pronunciada falta de inclinación en el dominio de las matemática pero que pueden trabajar de una manera adecuada con otras disciplinas» (Brousseau, 1978, p. 172).

tes se comportan, entonces, como si tuvieran implícito un segundo contrato en virtud del cual tienen que hacer lo que se espera de ellos. Desde entonces, este concepto nos ha permitido comprender numerosos fenómenos no solo en el dominio de la didáctica de la matemática sino también en otras disciplinas, donde ha sido "exportado". Éste es probablemente uno de los conceptos más populares en las didácticas disciplinares. La celebridad, sin embargo, tiene un precio: la mala interpretación. Cuanto más conocido es un concepto, más posibilidad tiene de debilitarse y de perder la esencia de su significado. El contrato didáctico no ha escapado a la regla: éste concepto ha sido objeto de interpretaciones erróneas y de un cierto deslizamiento de sentido que han debilitado su poder distorsionado así su consistencia teórica y desnaturalizado su esencia epistemológica.

La definición que se cita más a menudo en la literatura es la que G. Brousseau dio en 1980: el contrato didáctico corresponde «al conjunto de todos los hábitos (específicos del conocimiento enseñado) del docente que son esperados por los estudiantes y el conjunto de los comportamientos de los estudiantes que son esperados por el docente» (Brousseau, 1980, p. 127). Esta definición tiene la ventaja de ser concisa, pero su comprensión requiere clarificaciones con el fin de evitar el obstáculo de caer en una interpretación "psicologizante" del tipo: los estudiantes malinterpretan lo que el docente les pregunta, los estudiantes piensan que…, ellos creen que… interpretaciones que llevarían a pensar que una mejor enunciación permitiría evitarlo. Estas interpretaciones plantean más problemas de los que pueden afrontar, porque confieren a la explicación el dominio de los etéreos pensamientos del individuo: ¿Cómo explicar que los estudiantes interpretan mal?, ¿por qué razón piensan de manera inadecuada?, etc. Además, estas explicaciones son inútiles para los docentes porque no les permite imaginar un soporte práctico para actuar en este misterioso "pensar privado del estudiante".[15]

---

15 Para profundizar sobre los aspectos teóricos del contrato didáctico puede referirse a Brousseau (1998); D'Amore (1999); D'Amore, Fandiño Pinilla (2009); Sarrazy (1995, 2002).

4.4. Algunos ejemplos de los efectos del contrato

Para precisar la definición, abordemos el ejemplo muy conocido de «la edad del capitán». Recordémoslo brevemente. En 1979 un equipo del IREM (Institut de Recherche sur l'Enseignement des Mathématiques) en Grenoble, propuso a algunos estudiantes de escuela primaria el siguiente enunciado: «En un barco hay 26 ovejas y 10 cabras. ¿Cuál es la edad del capitán?». 76 estudiantes de un total de 97 "hallaron" la edad del capitán mediante la suma de los datos numéricos presentes en el enunciado. Entonces estalló el escándalo: ¡los estudiantes no entienden nada de la matemática que se les enseña! G. Brousseau anticipó una explicación en términos de contrato (el concepto para ese entonces era bastante nuevo): no hay nada patológico en este asunto, los estudiantes se adaptaron a la forma como solían resolver problemas con enunciados clásicos, lo que se espera de ellos es mostrarle al docente que saben sumar. La consistencia del enunciado no parece ser responsabilidad del estudiante, sino más bien la de su docente, como se puede ver en este extracto de una entrevista con un estudiante con muy buenos resultados en matemática (Paul, 10 años de edad):

BS: Puse dos pedazos de tiza en mi bolsillo derecho y 3 trozo de tiza en el izquierdo: ¿cuál es mi edad?

Pablo: ¡3 y 2 son 5! ¡Usted tiene 5 años!

BS: ¿De verdad crees que tengo 5 años?

Paul: ¡No, usted tiene más!

BS: Entonces, ¿Por qué me respondiste: 5?

Pablo: ¡La culpa es tuya, no mía!, ¡Solo debiste poner más tizas!

El absurdo no está en su respuesta, como pueden pensar quienes gritan al escándalo, sino más bien en la solicitud o, más precisamente, en la intención que lleva la pregunta. De hecho, la mayoría de nuestros habituales enunciados de la vida cotidiana funcionan de la misma manera: todos ellos llevan una intención de fondo (considerada compartida).

Por ejemplo, en el momento de llenar un cheque, si decimos al comerciante: «Mi pluma no escribe más» no estamos informado el hecho de que nuestra pluma no escribe, ni queremos manifestar nuestra molestia, ni siquiera intentamos su comprensión: lo que manifestamos es el deseo de que nos preste una pluma. El aspecto pragmático del enunciado es más bien: /me da algo con qué escribir/ y esto es lo que comprende el comerciante (a menos que nos encontremos con un tipo gracioso). La diferencia entre la declaración literal (/mi pluma no escribe más/) y su aspecto pragmático (/¿me presta una pluma?/) se reduce a un conjunto de condiciones que Searle (1982) llama "trasfondo"; aunque no se dijo en el enunciado, literalmente, son condiciones que están de algún modo contenidas en él. Este trasfondo se compone de lo que se podría llamar una "cultura": una forma común de ver las cosas, las relaciones sociales, una forma común de actuar, de pensar etc. Incluso en la escuela también es así, por lo que ante la resolución de un problema, la sagacidad de nuestros estudiantes no escapa a esta pragmática del contrato didáctico.[16]

4.5. El contrato didáctico como un marco para el análisis de la relación didáctica

A través de este ejemplo, es evidente que el contrato didáctico no es un contrato "real", es decir, no es un contrato que ha sido creado explícitamente entre el docente y sus estudiantes, pero todo sucede como si, de hecho, este contrato hubiese sido firmado. Dicho de otra manera, el contrato debe ser entendido como un marco para el análisis de lo que sucede en una situación de enseñanza, que en realidad no es propiamente de naturaleza contractual considerando tanto la asimetría de la relación didáctica, como el hecho de que el estudiante no puede hacerse cargo de la

---

16 Recuérdese en este sentido la prueba de D'Amore (1993).

comprensión (y del aprendizaje) de lo que él ignora. Simétricamente, ningún docente se puede hacer cargo del hecho de que sus estudiantes aprendan lo que él les debe enseñar. Sabemos que las principales preocupaciones didácticas de los docentes no radican tanto en la enseñanza de las reglas (de los algoritmos), pero si en las formas de gestionar las dificultades que encuentran sus estudiantes para usarlas en situaciones nuevas, dado que el conocimiento matemático no se limita al "conocer" los algoritmos, las reglas o las definiciones, más bien consiste en "reconocer" sus posibilidades de uso.

Así entendemos por qué la epistemología tradicional mecanicista de la enseñanza de las reglas y de sus aplicaciones está todavía tan presente en el campo educativo. El sentido de estudiar un algoritmo es poderlo usar adecuadamente y reconocer las circunstancias en que debe/puede usarse. Esta es una de las lecciones transmitidas por Wittgenstein (1921) en filosofía y por Brousseau en la didáctica de la matemática (Sarrazy, 2008).

El docente no puede enseñar lo que espera que el estudiante construya tarde o temprano: se trata de una de las paradojas del contrato. El contrato al cual está implícitamente ligado, como se ha señalado por Brousseau,

«enfrenta al docente a una verdadera paradoja: todo lo que hace para producir en el estudiante los comportamientos que espera, tiende a privar a éste último de las condiciones necesarias para la comprensión y el aprendizaje de la noción que se pretende construir: si el docente dice o manifiesta lo que él quiere que el estudiante haga, ya no podrá obtenerlo de un manera diferente de la ejecución de una orden y no a través del uso de los conocimientos y del razonamiento del estudiante (primera paradoja didáctica). Pero el estudiante se enfrenta, también él, a una exhortación paradójica: si acepta que, en virtud del contrato, el docente le enseñe las soluciones y respuestas, no las establece por sí mismo, por tanto no vincula el conocimiento (matemático) necesario y éste no puede ser objeto de apropiación. Querer aprender significaría para él escapar del contrato didáctico para hacerse cargo del problema autónomamente. El aprendizaje, por lo tanto, no se basa en el buen funcionamiento del contrato, sino en sus rupturas y sus ajustes» (Brousseau, en Sarrazy, 2002, p. 159).

4.6. Paradojas del contrato y modelos de enseñanza

El contrato didáctico es entonces una forma de describir la doble asimetría descrita anteriormente y por tanto, en cierto modo, permite analizar la división de responsabilidades entre el docente y los estudiantes: ¿De qué es responsable uno frente al otro?, ¿Las condiciones para llevar a cabo con éxito esta subdivisión[17] están conectadas entre sí? Pero, repetimos, esta subdivisión no es explicitable, ya que la expectativa del docente está siempre "en otra parte": ésta se desplaza hacia el uso que el estudiante puede hacer de lo que se le enseñó. Es evidente que este uso no puede ser ni controlado ni formulado previamente.

Así que esta es la doble paradoja (epistemológica y didáctica), sobre la cual se sustenta toda la situación de enseñanza:

— *La paradoja epistemológica*, en referencia a la célebre paradoja de Wittgenstein de la regla: la regla (el algoritmo) no puede informar al estudiante acerca de lo que debe hacer en cada momento ya que, como el cartel informativo al cual Wittgenstein[18] compara la regla, este no contiene en sí mismo las condiciones de aplicación:

— *La paradoja didáctica*: en referencia a la paradoja de la evolución ya formulada previamente.

---

17 Estas condiciones se conocen con el nombre de *milieu* (ambiente) en la teoría de las situaciones didácticas de Brousseau.

18 Una regla para Wittgenstein, «se presenta como un cartel indicador […] a través del cual podría interpretar sus indicaciones en la dirección indicada por el dedo, o más bien (por ejemplo) en la dirección opuesta […] así que puedo decir que la señal no deja lugar a dudas. O, más bien, a veces lo deja, a veces no» (1921, § 85).

Históricamente, se han proporcionado los siguientes tres tipos de "respuestas" a estas paradojas sobre la relación entre la regla y su uso.

Un *modelo "catedrático"* (que apareció en Francia y en Italia en el siglo XIX), el cual se basa principalmente en lo ostensible (el docente muestra lo que se debe hacer) y en la repetición (el ejercicio). La enseñanza debe ser "práctica, utilitaria, y concreta" y debe apuntar a la transmisión de los rudimentos del cálculo necesario para resolver los problemas - modelo directamente inspirado en la vida cotidiana. Este tipo de enseñanza lleva a los docentes a no enseñar más que soluciones modelo y el estudiante las debe memorizar, ya que no puede conceptualizarlas.

Un modelo "activista" apareció en los años 30-40 como reacción al modelo *catedrático*, y emergió con fuerza en los años 70 al interior de la corriente de la epistemología genética piagetiana y de la didáctica de la matemática: el problema se convierte en *el medio* privilegiado para "revestir de sentido" a los conocimientos enseñados (Sarrazy, 2006).

Por último, en los años 80, surge el *modelo meta-cognitivo* con el propósito de resolver la cuestión de la relación entre las reglas y su uso, a través de la enseñanza de meta-reglas (Sarrazy, 2003). El "tratamiento de la información", tiene entonces prioridad sobre la "construcción del conocimiento". Este movimiento dio lugar al establecimiento de una enseñanza metodológica y condujo a una especie de des-matematización de la enseñanza: el estudiante ya no necesita aprender matemática para resolver los problemas, sino que debe aprender a resolverlos mediante la enseñanza de estrategias meta-cognitivas cuyo fin es permitir a los estudiantes leer mejor los enunciados (por ejemplo) o, más en general, aprender a organizar mejor la información.

Estos tres modelos de prácticas resumen muy bien gran parte de las prácticas de enseñanza de nuestros días. Más allá de sus diferencias, todas recaen de una manera u otra en las paradojas del contrato.

En el primer modelo, considerando que el sentido del algoritmo está en el algoritmo mismo, se elimina la paradoja del contrato. El docente enseña, el estudiante aprende. Pero, es evidente: recibir la lección y haberla comprendido son dos cosas diferentes. A aquellos estudiantes que muestran capacidad de usar el algoritmo en situaciones nuevas, se les atribuye el ser "inteligentes"; en cuanto a los demás, se tratará de compensar sus déficits (culturales, intelectuales y de lenguaje,…) a través de "más de lo mismo" (repetición y algoritmización).

El segundo modelo naturaliza el contrato haciendo creer que es la actividad (la manipulación, la discusión,…) la que podría producir "sentido" de manera natural. Ahora, también es bien sabido que las condiciones de transformación o de generación de conocimiento requieren de un verdadero trabajo de ingeniería (Brousseau, 2008) en relación con las restricciones didácticas específicas del conocimiento puesto en juego (Sarrazy, 2006).

El tercer modelo es una negación del contrato y, de manera más general, una negación de la acción didáctica: de hecho, ya que un contenido metodológico (el meta-cognitivo, por ejemplo) permitiría a los estudiantes controlar el uso del conocimiento, la cuestión del sentido (que se refiere al uso del conocimiento) se disuelve entre los modelos de procesamiento de la información y la algoritmización de las formas de proceder. Uno de los efectos perversos de este enfoque ha sido el de devaluar ante los ojos de los docentes el papel de las situaciones, junto con la disminución de la importancia de las condiciones didácticas bajo las cuales pueden actuar de manera efectiva.

4.7. Conclusiones

Si bien estos modelos sean pedagógicamente contrastantes, también son didácticamente similares (para abordar esta distinción, véase Marchive, 2008). De hecho, y más allá de las razones pedagógicas sobre las cuales los docentes sustentan sus acciones (utilizar o no un texto de referencia, o incentivar o no en la práctica didáctica el trabajo en equipo, promover o no las interacciones entre los estudiantes…), ellos enseñan la regla y confieren a sus estudiantes la responsabilidad de su uso, ya que al hacerlo (les guste o no) no tienen otra opción.

Se puede esperar que estas aclaraciones teóricas puedan contribuir a cambiar el punto de vista del docente y atraer su atención sobre otras dimensiones; como las condiciones didácticas de las situaciones, las cuales posibilitan intervenciones más efectivas por parte del docente. Nuestros estudios y especialmente los de M.-P. Chopin (2008) muestran que estas diferencias de enfoque sobre lo que las situaciones didácticas pueden o no determinar, tienen efectos significativos, particularmente en beneficio de los estudiantes más débiles. En efecto, aparte de sus diferencias sociales y culturales, los estudiantes están preparados de maneras diferentes para el juego del contrato: si los mejores "saben" jugar con las reglas, los más débiles se aferran a las palabras del docente y parecen prohibirse a sí mismos cualquier otro juego, sino lo que el docente indica y se ciñen a lo que dice la regla: ellos no pueden, por consiguiente, producir esas construcciones de sentido tan esperadas por el docente, como lo pueden atestiguar estos dos extractos de una entrevista:

Ophélie (10 años), con excelentes resultados escolares:

BS: *¿Cómo hace tu* docente para saber que un estudiante comprendió una lección de matemática?

Ophelié: Ella puede saberlo planteando preguntas que sean un poco diferentes de lo que había dicho en la lección; si el niño contesta correctamente, implica que ha entendido bien, porque es capaz de responder con la información que tiene [a disposición]. En las evaluaciones, es necesario responder usando solo un pequeño detalle; hay niños que ponen todo en su respuesta porque han aprendido estúpidamente, sin comprender; ellos no son capaces de responder usando solo un detalle. Si se pone exactamente el detalle que ella quería, entonces la docente sabe que se ha comprendido bien.

BS: Pero, ¿por qué la docente no le dice esto a sus estudiantes?

Ophelié: Lo hace a propósito, para poder ver, ¡porque ella quiere saber si uno aprende tontamente o no!

En contraste, la entrevista con Jean, permite ver lo diferente que los estudiantes se preparan para los juegos del contrato didáctico.

Jean (10 años) tiene excelentes resultados en idioma, pero es más bien débil en matemática. Aquí está la respuesta de Jean a la misma pregunta:

Jean: En casa yo entiendo algunas cosas que ella nos enseñó, pero me di cuenta que a menudo no nos pregunta exactamente acerca de lo que nos explicó; entonces yo no aprendo realmente lo que nos ha enseñado porque veo que muchas veces ella cambia las cosas.

Ophelié ha entendido claramente que el aprendizaje no es la repetición y que el docente está necesariamente obligado a permanecer en silencio por razones profundamente didácticas ("ella necesita ver", dice). Sin embargo, para Jean son razones instrumentales, habiendo encontrado que el docente "a veces cambia las cosas", lamenta que "no pregunta exactamente lo que enseñó", por lo tanto, "yo no entiendo realmente lo que nos ha enseñado".

Estos dos fragmentos son suficientes para mostrar cómo se establece una negociación desigual del sentido implícito en la relación didáctica. En ausencia de un modelo de análisis como el que nos ofrece el contrato, nada se opone a la ideología de la predisposición como explicación posible del éxito o del fracaso escolar (y probablemente de forma más marcada en matemática). Si bien aquí el investigador no puede ayudar directamente al docente, contribuye sí, pensamos, a la deconstrucción de la idea de fatalidad, de oscurecer la idea de predisposición: ser bueno o no tan bueno para la matemática, para alimentar la esperanza social de la cual todos nosotros tenemos necesidad en el momento de enseñar.

Referencias bibliográficas

Brousseau, G. (1978). Etude de l'influence de l'interprétation des activités didactiques sur les échecs électifs de l'enfant en mathématiques. *Cahier de l'IREM de Bordeaux I.* 18.

Brousseau, G. (1980). Les échecs électifs dans l'enseignement des mathématiques à l'école élémentaire. *Revue de laryngologie othologie rinologie, 101*(3-4), 107-131.

Brousseau, G. (1998). *Théorie des situations didactiques*. Grenoble: La pensée sauvage.

Brousseau, G. (2008). *Ingegneria didattica ed epistemologia dell'insegnante*. Bologna: Pitagora.

Chopin, M.-P. (2008). La visibilité didactique: un concept pour l'étude des pratiques d'enseignement. *Education et Didactique*. 2, 2.

D'Amore, B. (1993). Il problema del pastore. *La vita scolastica*. 2, 14-17.

D'Amore, B. (1999). *Elementi di didattica della matematica*. Prólogos de Guy Brousseau, Colette Laborde y Luís Rico Romero. Bologna: Pitagora. [Versión en idioma español: D'Amore, B. (2006). *Didáctica de la Matemática*. Prólogos de Guy Brousseau, Colette Laborde y Luís Rico Romero. Bogotá: Editorial Magisterio. Versión en idioma portugués: D'Amore, B. (2007). *Elementos da Didática da Matemática*. Prólogos de Guy Brousseau, Ubiratan D'Ambrosio, Colette Laborde y Luís Rico Romero. São Paulo: Livraria da Física].

D'Amore, B., & Fandiño Pinilla, M. I. (2009). L'effetto Topaze. Analisi delle radici ed esempi concreti di una idea alla base delle riflessioni sulla didattica della matematica. *La matematica e la sua didattica*. 23, 1, 35-59.

Marchive, A. (2008). *La pédagogie à l'épreuve de la didactique*. Rennes: Presses Universitaires de Rennes.

Sarrazy, B. (2003). Le problème d'arithmétique dans l'enseignement des mathématiques à l'école primaire de 1887 à 1990. *Carrefours de l'éducation*. 15, 83-101.

Sarrazy, B. (1995). Il contratto didattico. *La matematica e la sua didattica*. 2, 132-175.

Sarrazy, B. (2002). Contratto didattico e situazioni: analisi didattica (vs psicologica) delle risposte degli allievi nella risoluzione di problemi non standard. *La matematica e la sua didattica*. 3, 244-257.

Sarrazy, B. (2008). Ostension et dévolution dans l'enseignement des mathématiques: anthropologie wittgensteinienne et théorie des situations didactiques. *Education et didactique 1*(3), 3-46.

Sarrazy, B. (2006). Théorie de l'équilibration et théorie des situations: quelques remarques sur les rapports entre constructivisme et didactique des mathématiques. En: Sbaragli S. (ed.) (2006). *La matematica e la sua didattica*. Roma: Carocci Faber. 253-256.

Searle, J. (1982). *Sens et expression. Études de théorie des actes de langage*. Paris: Éditions de Minuit.

Wittgenstein L. (1921). *Logisch-Philosophische Abhandlung*. La versión original en alemán fue publicada en la revista: *Annalen der Naturphilosophie*, 14. (Entre las muchas traducciones al español: Wittgenstein L. (2017). *Tractatus logico-philosophicus-Investigaciones filosóficas*. Traducción, introducción y notas críticas de Isidoro Reguera Perez. Madrid: Editorial Gredos).

CAPÍTULO 5

El contrato didáctico: aspectos históricos, teóricos y epistemológicos

El estudiante recibe una regla y unos ejemplos y el docente puede, por su parte, decir que, aunque no se enunció, el significado de alguna cosa es transmitido indirectamente a través de los ejemplos. Pero el docente mismo no dio más que la regla y los ejemplos. […] Es una ilusión creer que producimos un significado en la mente de alguien transmitiendo la regla y los ejemplos, los cuales son medios indirectos.
L. Wittgenstein, Los cursos en Cambridge 1932-1935, 1992, p. 161.

Contrariamente a lo que se podría creer, esta declaración de Ludwig Wittgenstein no constituye una introducción a un curso sobre el contrato didáctico. De hecho, este concepto fue desarrollado solo cuarenta años más tarde por Guy Brousseau. Wittgenstein considera tres conceptos fundamentales: la enseñanza, el aprendizaje y el significado. Estas tres nociones son hoy día el centro de las preocupaciones de los estudiosos de Didáctica de la Matemática y son, como veremos, constitutivas de la noción de contrato didáctico.

Algunos podrían considerar que presentamos aquí un ensayo de epistemología normativa (en el sentido definido por Stengers, 1987, p. 10); pero es más oportuno, por el contrario, ver este trabajo como un intento de organización, diacrónica y sincrónica, de los usos y de los diferentes significados atribuidos al concepto de contrato didáctico. Después de definir el contexto epistemológico en el cual emerge el presente estudio, trataremos de poner en evidencia tanto su poder explicativo como su valor heurístico, así como los posibles retoques –quizá inevitables- vinculados a la extensión de su uso en diversas comunidades. En este sentido, convendría distinguir entre razones internas y externas de las adaptaciones que se derivan. Uno puede preguntarse si esas razones surgen de la necesidad de mejorar los medios de inteligibilidad del funcionamiento de las situaciones didácticas, o si se trata solo de adaptaciones técnicas, no controladas en el plano teórico, al servicio de determinadas ideologías pedagógicas.

Los puntos de vista praxeológicos o los intentos de divulgación proceden, a nuestro juicio, de este último modo de proceder. Estos conducen, en la mayoría de los casos, a canonizar los conceptos teóricos en las acepciones técnicas conminando a jamás interrogar, ni siquiera evocar, la legitimidad de estos deslizamientos semánticos. Este uso de las producciones de la didáctica fundamental,[19] permite dar la ilusión de satisfacer las necesidades socio-políticas de optimización de las prácticas de enseñanza. Detrás de estos deslizamientos conceptuales se asoman las concepciones normalizantes y tecnicistas de la didáctica que son apresuradamente asimiladas con las producciones de la didáctica fundamental y criticada, erróneamente, como tales (Barra & Brauns, 1992; Boillot & Le Du, 1993). Este uso ideológico de

---

19 La didáctica fundamental es definida por G. Brousseau (1988, p. 15) como «una ciencia que se interesa en la producción y la comunicación de conocimientos», precisando «en lo que esta producción, y esta comunicación tienen de específico en relación con el conocimiento».

la didáctica, o al menos de sus conceptos, debe ser sometido a un trabajo de corte epistemológico, como nos invita Clanché (1994, p. 231), o de "desengrasado", para retomar aquí el término de Brousseau (1994), «a fin de favorecer la comunicación y el posicionamiento de estos conceptos en relación con los resultados de los campos vecinos. [Este trabajo] contribuirá a reducir los malos entendidos con los investigadores» (Brousseau, 1994, p. 63).

Así que desde un punto de vista y una escala, necesariamente parcial, haremos todo lo posible para presentar aquí lo que podríamos llamar una "geografía conceptual" del contrato didáctico. Esta tarea, sin duda ambiciosa, parece aún más necesaria ahora que la formación de los docentees parece ceder en una economía conceptual que tiende a superar, por este reduccionismo tecnicista, la complejidad inherente a toda relación didáctica.

5.1. Los orígenes del contrato didáctico

A. El contexto empírico

Como dijimos antes, el concepto de contrato didáctico fue introducido por Guy Brousseau en 1978 como una posible causa del fracaso "electivo" en matemática («se trata de esos niños que tienen déficits de adquisiciones, dificultades de aprendizaje o una falta de gusto por la matemática, pero que triunfan adecuadamente en otras disciplinas», IREM de Burdeos 1978, p. 172). Años después, en 1981, Brousseau y Péres reportaron sus observaciones de un estudio de caso, que se hizo famoso en el ámbito de la didáctica de las matemáticas: el caso Gaël.

Resumamos rápidamente el contexto de esta observación:

Gaël es un estudiante de ocho años y medio que repite el primer año de escuela primaria. Ya en la primera sesión los investigadores constatan su incapacidad para comprometerse en un proceso en el cual el conocimiento sería el producto de una construcción resultante de la interacción con el medio (*milieu*) didáctico. Para Gaël el conocimiento no tiene otro sentido que una «actividad ritual en la que se repiten los modelos». Este comportamiento se manifiesta, entre otras cosas, por la evocación de la autoridad pedagógica de la docente: «lo que me enseñaron», «lo que la docente me dice que debo hacer»..., responde él a las preguntas de explicación de sus acciones. A partir de este momento, el objetivo de las sesiones sucesivas consiste en provocar en Gaël una ruptura en su concepción sobre la situación didáctica. Progresivamente, él entra en el juego y llega a modificar su relación con la situación didáctica, aceptando comprometerse personalmente en la solución del problema que se le propone (se trata de evaluar el número de objetos que permanecen en una bolsa, conociendo el número total de objetos y el número de objetos que se han sacado de la bolsa). Este compromiso se manifiesta a través de anticipaciones, apuestas con el investigador, verificación de las propias predicciones hechas con el método de la falsa posición.[20] Él intenta dominar la incertidumbre de las situaciones propuestas sin "refugiarse" detrás de algoritmos o procedimientos que sería útil aplicar, como lo hacía anteriormente, pero adaptando sus conocimientos a las necesidades de la situación a-didáctica.

Es en este contexto interactivo, característico de la situación didáctica y definido sobre la base de tres elementos –el docente, el estudiante y el conocimiento– que Guy Brousseau definirá el contrato didáctico como «el conjunto de comportamientos (específicos [de los conocimientos enseñados]) del docente que son esperados por el estudiante y el conjunto de comportamientos de los estudiantes que son esperados por el docente» (1980a, p. 127).

---

20 Este método consiste en trabajar sobre una suposición del número buscado. Por ejemplo, si hay 56 artículos en la bolsa y se extraen 22, la suposición x se verificará, con este método, contando 22 a partir de x; el número obtenido con esta cuenta $(x+22)$ permite saber si x corresponde realmente al número buscado $(x+22=56)$, si le es superior $(x+22>56)$, o inferior $(x+2<56)$. Y así sucesivamente, mediante aproximaciones.

B. El contexto epistemológico

Que el concepto de contrato didáctico haya aparecido a propósito de una investigación sobre el fracaso electivo no resulta una simple coincidencia. Situado en la corriente principal de investigación en sociología de la educación de ese período, el contrato didáctico marca tanto la afirmación de la especificidad y pertinencia de la didáctica naciente, así como una ruptura con respecto a los modelos explicativos dominantes en sociología de la educación.

B1. El contrato didáctico como signo de una positividad

La expresión "didáctica de la matemática" apareció en Francia alrededor de 1974.[21] Este nuevo campo teórico se basa en una orientación fundamental: el estudio de los fenómenos de enseñanza/aprendizaje específicos de la matemática en el marco de las situaciones escolares. Esta voluntad de reorientación sobre la situación y el saber se hace manifiesta con las investigaciones sobre el fracaso electivo (Brousseau, 1980a, 1980b). Por un lado, no es el fracaso global, indiscriminado, el que el autor se propone examinar, sino el fracaso específico relativo a la matemática; por otro lado, las causas alegadas no han sido identificadas como ajenas al proceso de enseñanza sino más bien constitutivas de éste: «[Éstas tienen] entonces que ser buscadas en la relación del estudiante respecto del saber y de las situaciones didácticas, y no en sus aptitudes o en sus características constantes generales» (Brousseau, 1980a, p. 128). Así, aplicando el principio de la navaja de Ockham, el contrato didáctico permite a Brousseau, a partir de 1978, replantear las hipótesis "psicologizantes" de Pluvinage respecto a los fenómenos de baja comprensión en una concepción endógena de la didáctica (que fue, por otra parte, la primera utilización pública de este concepto: véase Brousseau, 1989, p. 58).

---

21 Para una introducción a su historia y a sus conceptos, véase Artigue y Douady (1986) y Perrin-Glorian (1994) que proponen una notable síntesis del desarrollo de la didáctica y de sus conceptos de los años sesenta en adelante.

En consecuencia, el contrato didáctico no solo contribuye a legitimar el proyecto científico de la didáctica por medio de su alcance explicativo, sino también contribuye a legitimar su proyecto social, ya que, contrariamente a las hipótesis entonces existentes (patologización, medicalización,[22] poner en tela de juicio la institución,...), este camino deja entrever las modalidades posibles de acción a través de «la posibilidad de cuestionar el concepto mismo» (1980a, p. 129). Las investigaciones anteriores sobre el estatus y el papel de los errores en el proceso didáctico (Salin, 1976) y las decisiones de los docentes relativas al orden de presentación de las nociones enseñadas (la dependencia didáctica) (Vinrich, 1976) contribuyen a precisar las componentes del contrato y a reforzar la pertinencia de la hipótesis de su papel en el fracaso del proceso de enseñanza- aprendizaje.

B2. El contrato didáctico: rupturas e influencias

¿Cómo se puede explicar el paso de una centralización, tanto en los factores exógenos (la perspectiva medioambiental) como en las dificultades instrumentales del estudiante, hacia esta perspectiva interaccionista introducida por el contrato didáctico? El primer motivo que invocaremos será de orden epistemológico. La concepción didáctica subyacente en el concepto de contrato marca una ruptura respecto a la corriente estructuralista y participa en el movimiento de deconstrucción del campo didáctico. Pero también este derrocamiento de perspectiva puede ser explicado por el influjo de las dos corrientes emergentes en Francia y en toda Europa a finales de los años 70: el interaccionismo y la sociología de la organización. Aunque ninguna de estas dos corrientes consiga darle una explicación completa, nosotros creemos que el concepto de contrato didáctico procede del movimiento sociológico de este período

---

22 Sobre esta cuestión se puede consultar una publicación de Schiff (1991) en la cual él da cuenta de un meta-análisis de más de 400 artículos relativos al fracaso escolar en el ámbito de la psicología. Él demuestra que este último es objeto, no sólo de un reduccionismo instrumental que excluye al sujeto (enfoques experimentales), sino también de su patologización (enfoques clínicos).

que prefigura un retorno sobre el sujeto, hasta entonces oculto por la ola estructuralista de los años 60 y 70.

B2 a) La ruptura con respecto al estructuralismo

El estructuralismo triunfa a mitad de los años 60: ningún ámbito es ignorado por esta oleada que irrumpe sobre las ciencias humanas. Así, la publicación de un manual escolar de Guy Brousseau en 1965, es testimonio de la esperanza hasta entonces depositada en la matemática de Bourbaki. Y es precisamente en este mismo período que aparecía, en lengua francesa, la obra de Z. P. Dienes y M. A. Jeeves (1967), que marcará fuertemente la enseñanza de la matemática de impronta estructuralista en el momento de la reforma del año 1970, en Francia.

El proceso psicodinámico propuesto por Z. P. Dienes persigue optimizar la enseñanza de la matemática. Se trata de proponer a los estudiantes el análisis de situaciones, presentadas en forma de juegos, que deben contener y permitir hacer funcionar la estructura que el docente intenta comunicar a sus estudiantes.

Así afirma Dienes: «Los niños encuentran fácilmente las reglas y ven las correspondencias entre los juegos basados en estructuras idénticas» (Dienes & Jeeves, p. 125). Ahora, el análisis de este proceso se para en esta evidencia gestaltista y no se propone ninguna explicación de esta toma de conciencia. Esta óptica estructuralista sería más tarde criticada vivazmente por G. Brousseau (1986a, p. 309). En efecto, él observa: sí las reglas del juego corresponden a los conocimientos que se van a enseñar, ¿Cómo puede el estudiante jugar? O él ya posee estos conocimientos (y la enseñanza entonces es inútil) o el docente le enseña al estudiante (y el juego ya no tiene más interés) o, en fin, el funcionamiento feliz de este proceso puede explicarse solo con la existencia de un contrato didáctico gracias al cual el estudiante descubre, en el discurso del docente, la regla escondida del juego. Pero, en cada uno de estos casos, el procedimiento utilizado es independiente del conocimiento que se pretende.

Además, el gestaltismo que subyace en las teorías de Dienes alimenta en el docente la ilusión de la existencia de mecanismos psicológicos inevitables. Esta ilusión lo lleva a dejar de responsabilizarse de su misión didáctica y a liberarse de su contrato de enseñanza. Este fenómeno, vinculado a la epistemología del docente, actualmente se identifica con el término de "efecto Dienes": «Cuanto más seguro estará el docente del éxito por efectos independientes de su esfuerzo personal, más fracasos obtendrá» (Brousseau, 1986a, p. 309).

B2 b) La influencia del interaccionismo

El final de los años 70 se caracteriza por una ruptura con los paradigmas sociológicos que se desarrollaron ampliamente desde el comienzo de este decenio a propósito del fracaso escolar (Plaisance, 1989). Durante este período dominan dos teorías que explican el éxito escolar: las teorías llamadas deterministas (Bourdieu, Passeron, Bernstein) y las "teorías accionalistas" (Boudon).

En la línea de las críticas suscitadas por estas teorías (Forquin, 1979a, 1979b, 1980; Cherkaoui, 1989; Van Haecht, 1990), aparece en el ámbito de las investigaciones sobre la educación el paradigma interaccionista. Este obró un radical cambio de perspectiva, pasando de una macro-sociología centrada tanto en el estudiante (véase el individualismo metodológico de Boudon, por ejemplo), como en el ámbito escolar (véase la teoría de la reproducción de Bourdieu, por ejemplo), a una micro-sociología centrada en las interacciones en clase (Sirota, 1987, 1988). La cuestión que se plantea es entonces la de identificar *en vivo* los "obstáculos específicos" (Brossard & Gayoux, 1977, p. 51) y los procesos por medio de los cuales el fracaso o éxito escolares se construyen a través de las interacciones en situaciones escolares (Brossard, 1981). Este movimiento se desarrolló en Francia en los años 70 a partir de las investigaciones anglosajonas, especialmente las de E. Goffman (1974, 1991) cuyos trabajos se sitúan en la continuidad del interaccionismo simbólico.[23]

---

23 Esta escuela fue inaugurada por el sociólogo alemán G. Simmel (1858-1915) y del estadounidense G. H. Mead (1863-1931). Según esta corriente, las situacio-

Según Goffman la atribución de significado a una actividad social solo es posible a través de la mediación de "esquemas interpretativos" y de "marcos primarios", que «permiten localizar, percibir, identificar y clasificar un número aparentemente infinito de concurrencias que entran en su ámbito de aplicación» (Goffman, 1991, p. 30). Por ejemplo, una lección de matemática genera un cierto número de marcos sociales primarios que permitirán al actor identificar "lo que está sucediendo": lo expuesto por el docente, la formulación de solicitudes, el reproche etc. Generalmente estos marcos se identifican correctamente y permiten a los individuos "salvar la cara"[24] y comprometerse en la interacción.

No obstante, destaca Goffman, en la vida cotidiana la identificación de un marco es problemática. Él introduce entonces un concepto fundamental para analizar estos marcos: la modalidad. Goffman la define como «un conjunto de convenciones a través de las cuales una determinada actividad, ya dotada de sentido tras la aplicación de un marco primario, se transforma en otra actividad que asume la primera como modelo, pero que los participantes consideran sensiblemente diferente» (Goffman, 1991, p. 52). Si el docente plantea una pregunta a un estudiante, aunque este conozca la respuesta, sucede que la interacción puede ser comprendida y aplicada solo si las personas interactúan entre sí para referirse a una modelización del marco social primario identificado: la evaluación escolar.

Damos a continuación otro ejemplo de modalidad en una interacción didáctica en la que se solapan más marcos primarios.

---

nes y las instituciones no existen fuera de las interacciones sociales: «el comportamiento humano no es una simple reacción al medio ambiente humano sino un proceso interactivo de construcción de este entorno» (*Dictionnaire de la sociologie*, 1990, p. 111).

24 E. Goffman define la cara «como el valor social positivo que una persona reivindica efectivamente a través de la línea de acción que los demás suponen que ella haya adoptado durante un contacto particular […]. "Salvar la cara" es una condición de la interacción y no su objetivo» (1974, pp. 9 y 15).

La secuencia descrita a continuación se desarrolló en un curso preparatorio[25] en el mes de mayo. La docente (una estudiante para docente), responsable de esta clase desde hace algunas semanas, debía realizar una lección de matemática. Aclaremos también que esta presentación era objeto de una evaluación de las competencias pedagógicas de esta futura docente por parte de un docente universitario presente.

Los estudiantes debían disponer en orden ascendente los números de una lista dada (38, 24, 49, 46, 51). Después de una prueba individual, la docente escribe en la pizarra la solución del ejercicio (marco de la corrección) e indicando con el dedo dos números en la pizarra, pide:

Docente: ¿Por qué se ha puesto 46 y 49? (insinuando: en este orden, primero 46 y después 49). Estudiante A: Porque de lo contrario sería demasiado fácil si nos hubieran dado solo los demás.

Docente (con tono seco): ¡No eso es lo que te estoy pidiendo! ... ¿Entonces? (A toda la clase).

Estudiante A (con tono tímido): No sé...

Estudiante B: Porque 46 es más pequeño de 49.

Docente: ¡Muy bien! (y escribe el signo "<" entre los números, continuando luego en la corrección).

La respuesta del estudiante A tiene sentido solo si se vincula al funcionamiento del contrato didáctico en relación con el marco identificado. La docente, como hemos dicho, se encontraba en una situación de evaluación y, como muchos principiantes, temiendo un fracaso demasiado evidente de los estudiantes, había elegido un ejercicio que, en este punto del año, presentaba pocas dificultades para los estudiantes. Para el estudiante A la pregunta planteada por la docente tenía sentido, en este marco, solo si implicaba una respuesta no trivial. Ahora, la respuesta esperada por la docente («porque 46 es menor que 49») no podía corresponder, para este estudiante, en este momento del año, a la idea

---

25 Corresponde a primero de primaria de la escuela colombiana, la edad de los estudiantes es de 6-7 años (Nota de redacción).

que él tenía acerca de la exigencia implícita de la docente; de ahí que su respuesta sea: «¡Porque de lo contrario sería demasiado fácil si nos hubieran dado solo los demás!». En efecto, la principal dificultad del ejercicio reside en la presencia de estos dos números (46 y 49); siendo el número de decenas igual, el estudiante debía poner en consideración la cifra de las unidades (procedimiento inútil para todos los demás números). Con su respuesta, este estudiante se sitúa en un meta-nivel: el de la dificultad del ejercicio, identificando las variables didácticas sobre las cuales el docente ha construido su ejercicio e interpreta la pregunta («¿por qué se ha puesto 46 y 49?») en su sentido literal. Ahora, la conducta llevada por el estudiante no es la dictada por el *oficio de estudiante* (Sirota, 1993; Perrenoud, 1994), como le recuerda la respuesta del docente. La modelización realizada por este estudiante es comprensible solo porque para él resulta inconcebible, en el marco identificado (la corrección), que la docente podía esperar una respuesta tan trivial como "46<49". Las razones de esta re-modelización deben buscarse ahora en el marco de la evaluación de la docente, no en el marco de la corrección, lo que en su caso, no pertenecía a la "gramática escolar" del estudiante.

En la perspectiva goffmaniana, el contrato didáctico podría ser definido como el conjunto de las modelizaciones, aceptables y compartidas, que deben producirse, en relación a un conocimiento, en el ámbito de una interacción didáctica.

La idea de contrato didáctico participa en esta dinámica interaccionista. Esta idea ha sido propuesta, como hemos visto, como el elemento central en la explicación del disfuncionamiento de la relación didáctica. La demarcación que hemos evocado a propósito de los modelos deterministas y la consolidación de esta postura interaccionista aparecen explícitamente en la siguiente definición del campo de investigación: «Nos parece interesante poner de relieve las diferencias de interpretación entre docente y estudiante. No se trata de simples malentendidos pasajeros, sino de verdaderas diferencias de "lectura" de la situación» (IREM Burdeos, 1978, p. 173).

Esta disposición interaccionista se establece de nuevo en 1980 (Brousseau, 1980a; 1980b) con la denuncia de la esterilidad de las explicaciones basadas en poner en tela de juicio a los estudiantes, a los docentes o a la institución: «Es una empresa tan inútil como la de analizar el agua que ha salido de un recipiente agujereado para ver en qué se diferencia de la que se mantuvo en el recipiente» (Brousseau, 1980a, p. 129). Sin embargo, no sería exacto pensar que el análisis de una situación de enseñanza con la ayuda del contrato didáctico se reduzca al estudio de su dimensión interactiva solamente, ya que, por necesario que sea, este análisis es insuficiente para dar cuenta de los aprendizajes: no es suficiente hacer interactuar a los estudiantes en un ambiente a-didáctico para que ellos se comprometan efectivamente en un proceso de aprendizaje (Laborde, 1991). Para comprender plenamente el alcance teórico del contrato didáctico es preciso apelar a un segundo elemento: la organización del medio (*milieu*). Es en esta dimensión de la relación didáctica que se puede situar una segunda fuente de influencia: la sociología de las organizaciones.

B2 c) La influencia de la sociología de las organizaciones

Para dar cuenta de esta influencia presentaremos, en un primer momento, uno de los aspectos de la modelización de las situaciones didácticas propuesta por Guy Brousseau. Esto nos permitirá situar el contrato didáctico tanto en su dimensión socio-cognitiva, como en su contexto teórico "interno". Esta rápida exposición nos llevará a comprender en qué sentido el descubrimiento del contrato didáctico ha hecho emerger conceptos (incertidumbre, negociación, juegos…) que han orientado al autor hacia un enfoque sistémico cercano a lo que estaba siendo propuesto, en aquel tiempo, en sociología de las organizaciones.

B2 c1) Algunos aspectos de la modelización de las situaciones didácticas

Bajo el ángulo de las interacciones socio-cognitivas, una situación didáctica pone en juego tres componentes: el estudiante, el docente y el medio[26] en relación con un conocimiento que el docente intenta comunicar al estudiante. El desafío y el sentido de esta situación son diferentes para el docente y el estudiante si:

— el docente debe gestionar simultáneamente la paradoja inherente a cualquier situación de enseñanza. «Si el docente dice lo que quiere, no lo puede conseguir» (Brousseau, 1986a, p. 316) y mantener a toda costa la relación didáctica, es decir, satisfacer las exigencias de su contrato de enseñanza;

— el estudiante, por su parte, debe aceptar comprometerse en el problema planteado, aunque no disponga del conocimiento necesario para su resolución, y esto último es precisamente el reto de la situación didáctica fijada por el docente.

La ausencia de cualquier intención didáctica explícita en el sistema con el cual el estudiante interactúa (el medio a-didáctico) es una necesidad constitutiva en el proceso didáctico (en el cual interactúa el docente). En efecto, el jugador (el estudiante) no encontraría satisfacción ni en un juego del cual conociera todos los resultados (porque el juego ya no existiría como tal) ni, por el contrario, en un juego en el cual él no pueda vislumbrar ningún éxito posible (Brousseau, 1986a, pp. 309-336; 1988a, p. 128; Kone, 1980). La incertidumbre ligada a esta situación, constituye la condición de la devolución[27] de la situación a-didáctica

---

26 «El medio es un juego o parte de un juego que se comporta como un sistema no finalizado […] este se comporta de manera tal que el jugador lo perciba como un sistema no caótico por lo tanto controlable por medio del conocimiento» (Brousseau, 1988a, p. 321).

27 «La devolución es el acto por medio del cual el docente hace aceptar al estudiante la responsabilidad de una situación de aprendizaje (a-didáctica) o de un problema y acepta él mismo las consecuencias de esta transferencia» (Brousseau, 1988a, p. 325).

al estudiante. El placer del jugador nace precisamente de esta incertidumbre; su interés procederá de su dominio (Brousseau, 1991a) y de la satisfacción de ser capaz anticipar los resultados de sus acciones (Margolinas, 1993).

Un proceso de negociación de las reglas del juego (juego del estudiante con el medio a-didáctico, juego del docente con el medio didáctico…) permitirá a la relación didáctica evolucionar en el sentido del aprendizaje. En esta perspectiva el contrato didáctico es la ficción que hace posible esta negociación. El aprendizaje se define como una adaptación a la situación. Se manifiesta a través de la construcción de un conocimiento que corresponde a la "estrategia óptima": la menos costosa y la más eficaz. Este conocimiento permite al estudiante controlar la situación reduciendo la incertidumbre que estaba vinculada o, tal como subraya Brousseau, «[permite] tomar en consideración nuevas posibilidades, entonces, provisionalmente, [permite] aumentar la incertidumbre del jugador» (1988a, p. 318). Podemos reconocer, en esta concepción del aprendizaje, la marca del manifiesto de la epistemología constructivista, definida por Piaget como un proceso "de equilibración maximizadora", que «[…] no solo tiene como objetivo compensar las perturbaciones y colmar lagunas, sino que no puede encontrar nunca más que soluciones que plantean nuevos problemas» (Inhelder, 1977, p. 139).

Durante una conferencia de las Jornadas de la APM celebrada en mayo de 1970 con el título Aprendizaje de las Estructuras, Guy Brousseau (1972) propone una modelización de las situaciones didácticas[28] (dialéctica de la acción, de la formulación y de la validación). Es en esta fase que se puede situar, como indica él mismo (1986a, p. 336), la influencia del modelo propuesto, en sociología de las organizaciones, por M. Crozier y E. Friedberg (1981).

---

28 Este término aparecerá sólo más tarde, aquí Brousseau hablaba de "esquema pedagógico" (1972, p. 429).

B2 c2) La organización

Abordaremos, en esta rápida exposición, cuatro aspectos fundamentales del contrato didáctico que corroboran la influencia de la corriente sociológica:

— la teoría de juegos como modelo de la relación didáctica;
— la noción de incertidumbre;
— la negociación;
— el aprendizaje como ruptura.

La teoría propuesta por M. Crozier y E. Friedberg (1981) se propone dar cuenta de la posibilidad de la acción organizada como un constructo social y no como un fenómeno natural, simple producto de la interacción humana. Los actores sociales, frente a un problema por resolver, persiguen objetivos diferentes o incluso contradictorios. Frente a esta situación, la perspectiva de una acción organizada puede concebirse según dos modalidades: la de la constricción o de la manipulación, y la del contrato: «vale decir, de la negociación o del regateo que puede tener lugar tanto en forma implícita como explícita» (Crozier & Friedberg, 1981, p. 22). Las construcciones de acciones colectivas constituyen las formas de cooperación que garantizan la consecución de los objetivos al tiempo que permiten libertad de acción para el individuo.

Es a través de estas construcciones que el problema se redefine y que se establece entonces un juego. Como cualquier juego, más o menos abierto, esto comporta un margen de incertidumbre que cada uno de los actores domina en forma desigual y donde esta desigualdad de dominio será utilizada como posible base de negociación. Por lo tanto, la conducta del actor puede ser analizada «como expresión de una estrategia racional encaminada a utilizar el poder al máximo para aumentar sus "ganancias", a través de su participación en la organización» (*ibidem*, p. 91). En efecto, cuanto más importante sea el control del margen de incertidumbre, tanto más el individuo controla el juego y puede así predecir las salidas, a condición que esta incertidumbre sea reconocida por la colectividad como pertinente para solucionar el problema planteado (lo que, en el plano didáctico, justifica la dialéctica de la formulación y la validación). De esta incertidumbre comenzarán la inestabilidad y la contingencia de los sistemas de acción que tienden a mantener la estructura. El aprendizaje de nuevos juegos constitutivos de esta contingencia aparece como el elemento central del cambio. En esta perspectiva, el aprendizaje es concebido, por un lado como una ruptura con los antiguos juegos cognitivos, afectivos, relacionales, instituidos y, por otro lado, como creación de nuevos juegos «menos costosos y más eficaces», pero absolutamente contingentes (*ibidem*, p. 393, p. 398).

El contrato didáctico da testimonio tanto del aporte de la corriente sistémica, que aparece en la modelización de la situación didáctica, como de la contribución de la corriente interaccionista, reintroduciendo el sujeto mediante las relaciones específicas que mantiene dentro del sistema didáctico. Si el contrato didáctico permite circunscribir ciertos fenómenos de la enseñanza y poner sobre ellos una nueva luz, permite también, como reflejo, interrogar de un modo nuevo la complejidad de la relación didáctica. De esta interrogación surgirán nuevos problemas que justificarán los acomodamientos a través de los cuales el concepto se enriquecerá.

5.2. La evolución del concepto en las investigaciones de Guy Brousseau

Esta parte no pretende establecer un inventario exhaustivo de los usos del concepto de contrato didáctico, sino captar la dinámica interna con el fin de entender una de las razones posibles de la perennidad de ciertas interpretaciones. La concepción que prevaleció en 1978 está marcada por una especie de "culturalismo didáctico" (que surge de la influencia interaccionista), pero también por una cierta normatividad en virtud de la cual ciertos contratos serían más productivos que otros (IREM Burdeos, 1978, p. 177). Se puede pensar que este último componente se explica más con la presión de las condicionantes externas: la didáctica naciente buscaba entonces imponerse como un campo científico y debía, en consecuencia, producir medios que, al final, permitieran llevar respuestas óptimas a problemas planteados por la enseñanza de la matemática.

Este aspecto culturalista aparecía en los mecanismos generadores del contrato: este se elabora sobre la base de la repetición de las costumbres específicas del docente («lo que el docente reproduce, conscientemente o no, en modo repetitivo en su práctica de enseñanza», Brousseau, 1980a, p. 127), y a su vez permite al estudiante «decodificar la actividad didáctica». El sentido atribuido a la situación «depende mucho del resultado de las acciones repetidas del contrato didáctico, [...] se presenta entonces como la traza de las exigencias habituales del docente en cuanto a una situación particular» (*ibidem*, p. 128). Desde entonces el contrato didáctico aparecía como el producto de un modo específico de comunicación didáctica (vinculado a la epistemología del docente) instaurador de una relación personal del estudiante con el saber matemático y con la situación didáctica.

Este pensamiento escolástico (IREM Burdeos, 1978, p. 173) sería modificable, y por lo tanto perfectible, como muestra la pregunta planteada por G. Brousseau: «¿Es cierto que algunos contratos didácticos no impedirían a ciertos niños entrar en el proceso de aprendizaje?» (Brousseau, 1980a), debido a la articulación más o menos buena de estos hábitos con los conocimientos por adquirir. Ciertos contratos generarían "ruidos", en el sentido cibernético de obstáculo, que pueden obstaculizar la comunicación de conocimientos, lo que hace pensar que existan "buenos contratos" o "contratos mejores" que permitirían a los estudiantes, especialmente a los más débiles, mejorar su relación respecto del saber.

La modificación del contrato didáctico sería entonces una posible modalidad de respuesta al fracaso en matemática (IREM Burdeos, 1978, p. 175; Brousseau, 1980a, p. 129). Son numerosas las publicaciones que, actualmente, se derivan de esta concepción inicial. Charnay, R. y Mante, M. (1992, p. 23, p. 27), por ejemplo, tratan de subsanar «los errores relacionados con las reglas del contrato didáctico [sic] eliminando» algunas de estas y ayudando a los estudiantes a apropiarse de las que no conocen. Es el caso también de E. Cerquetti-Aberkane (1992, p. 244), quien desarrolla la idea de una transparencia de la relación didáctica, al proponer «definir claramente el contrato didáctico entre el docente y estudiante» (sic).

En el mismo orden de ideas, el Grupo ERMEL (Colomb, 1991) sugiere que los docentes deben «poner en práctica el contrato» y «llevar los estudiantes a tomar conciencia del hecho que, en las actividades de resolución de problemas, las expectativas son específicas» (*ibidem*, p. 78). No solo estas afirmaciones parecen atestiguar la existencia de una confusión entre "contrato didáctico" e "instrucción" o "tarea", sino que, ante todo "la explicitación del contrato" conduce a una situación paradójica. En efecto, si "la explicitación del contrato" consiste en indicar al estudiante las "expectativas específicas", esta explicitación hace vana, al mismo tiempo, toda posibilidad de aprendizaje. Efectivamente, la situación-problema no es más problemática, pues las "expectativas específicas" son precisamente las conductas no explicitables a través de las cuales deberá manifestarse el uso del conocimiento específico que ha fijado el docente como objetivo. Si las rupturas del contrato didáctico pueden conducir, y este es generalmente el caso, a acuerdos o convenciones didácticas, no debemos engañarnos: estas últimas son ellas mismas sometidas al funcionamiento silencioso del contrato didáctico, porque una norma no define nunca las condiciones de su uso, «la explicación no termina nunca» escribe Wittgenstein (1961, p. 157). Una explicación no dice nada más de lo que dice, y es exactamente aquí donde está la dificultad de las pedagogías clásicas y la justificación de las situaciónes a-didácticas.

Se podría considerar que un segundo período comienza en el año 1984. El contrato no es más visto como el resultado de una negociación a *priori* sobre las relaciones con la situación didáctica que establece un sistema de obligaciones mutuas, sino que surge cuando la devolución no ocurre: «[si la adquisición de conocimiento] no se produce, se abre entonces un juicio al estudiante que no ha hecho lo que era de esperar de él, como también un juicio al docente que no ha hecho lo que estaba obligado a hacer (implícitamente)» (Brousseau, 1984, p. 3). El aprendizaje no es más considerado como el resultado del cumplimiento de las exigencias, incluso implícitas, del contrato didáctico, sino que procederá, al contrario, hacia una ruptura de éste: «Aprender implica para él (el estudiante) rechazar el contrato, pero aceptar hacerse cargo del problema [la devolución]. En efecto, el aprendizaje no se apoya en el buen funcionamiento del contrato, sino sobre sus rupturas» (*ibidem*, p. 4). Dicho de otra forma, el proyecto social de enseñanza, que transforma el niño en estudiante, el adulto en docente, el saber en objeto de enseñanza, se basa en la idea de un contrato paradójico. Condenará el docente a liberarse, tarde o temprano, de sus obligaciones de enseñanza y obligará al estudiante, hasta entonces sujeto al saber del docente, a asumir esta ruptura, y a alegrarse de su incomodidad (Brousseau, 1986a, p. 333). Así el estudiante se convierte en aquel que aprende.

Esta concepción romperá radicalmente con la idea de buenos, malos…, contratos que se trataría de promover para optimizar el proceso didáctico. El contrato didáctico o, más concretamente, «el proceso de búsqueda de un contrato hipotético» (*ibidem*, p. 301), constituye un concepto al servicio de la didáctica fundamental para analizar los fenómenos de negociación, de emergencia, de disfuncionamiento…, del sentido en las situaciones didácticas.

Esta evolución puede explicarse tomando en consideración al mismo tiempo la contingencia de las relaciones humanas en la relación didáctica (el efecto Dienes muestra esa necesidad, véase arriba) y la finalidad del sistema educativo (permitir la apropiación de un saber preexistente a la relación didáctica). Es por estas dos dimensiones, a *priori* incompatibles, que procede la idea delicada de devolución estrechamente asociada a la de contrato.

5.3 Contrato didáctico y devolución

Es a partir de la asimetría de los contratantes y su des-igualdad factual frente al saber que se elaborará la relación didáctica y el contrato que la sostiene. P. Clanché (1994) interroga el contrato didáctico citando, muy oportunamente,[29] a Wittgenstein y a Brousseau a propósito de una doble paradoja:

— Paradoja de la creencia: «Creedme, pero no creáis, aprended a saber qué es saber […] Tened confianza en mí para no tener que tener más confianza en mí, sino en vuestra razón» (Clanché, 1994, p. 224, refiriéndose a Wittgenstein).
— Paradoja de la devolución:[30] «Cuanto más el docente […] desvela lo que desea, más dice al estudiante pre-cisamente lo que éste debe hacer, y más se arries-ga a perder las posibilidades de obtener y constatar objetivamente el aprendizaje al que en realidad debe apuntar» (Brousseau, 1986a, p. 315).

Este sistema de paradojas parece funcionar como una trampa en la que caerían algunos estudiantes, aquellos que, como por ejemplo Gaël, dudan de la pertinencia de hacer uso *hic et nunc* de su propio entendimiento. Así también, para aprender, el estudiante debe sublimar el malestar de las incertidumbres relacionadas con el carácter incompleto de su saber, aceptando arriesgarse en la búsqueda de los medios útiles para este dominio. Este riesgo es al mismo tiempo el fundamento y la condición del funcionamiento del proceso de enseñanza-aprendizaje. Si una de las puestas en juego en este riesgo es el aprendizaje mismo, el riesgo (que-dar mal ante todos, por ejemplo) también puede bloquear este proceso. En consecuencia, es deber del docente tran-quilizar a los estudiantes e inducirlos a arriesgarse mos-trándoles (y no amparándose en un "contrato didáctico",

---

29 A parte de la notoriedad en sus respectivos campos, recordemos que tanto uno que otro tuvieron experiencias de docente de escuela primaria.
30 G. Brousseau (1986a, pp. 315 y siguientes) definió en efecto otras tres para-dojas que nosotros no desarrollamos aquí.

Przesmycki, 1994) que los errores no son faltas y que la devolución no es una trampa en la que algunos de ellos caerán. ¿Es irrazonable pensar que es en esta doble interfaz de la enseñanza con el aprendizaje y de lo pedagógico con lo didáctico, que se sitúa el pacto protodidáctico del que habla P. Clanché (1994, p. 227) y mediante el cual «el niño aprende creyendo en el adulto» (Wittgenstein, 1976, § 160) y sin el cual la devolución sería imposible?

Convertirse en estudiante significa apropiarse de un juego de lenguaje particular y acceder a entrar. Para retomar los términos de Wittgenstein, este juego consistiría en «tomar las (propias) decisiones sobre muchas cosas» (*ibidem*, § 344) y en admitir que «efectivamente ciertas cosas no serán puestas en duda [...]. Si quiero que la puerta gire es preciso que las bisagras estén fijas» (*ibidem*, § 342 - 343). El aprendizaje es precisamente lo que irá actualizándose en esta frontera de los límites mal definidos entre «normas y proposiciones empíricas» (*ibidem*, § 319). Ahora, algunos estudiantes aún no han aprendido este juego y oscilan entre dos actitudes extremas: adherirse a la regla o dudar de todo.

Podemos reconocer aquí el fundamento de las pedagogías activas, así como también el ideal democrático que Brousseau (1988b, p. 17) intenta promover a través de su concepción de la didáctica de la matemática.[31] Recordemos lo que Rousseau escribía en el *Emilio* (1966b, p. 215): «Que él no sepa algo porque se lo habéis dicho vosotros, sino porque lo ha entendido por sí solo; que no aprenda la ciencia, que la invente. Si sustituyeres en su mente la autoridad por la razón, él no razonará más; no será más que el juguete de la opinión de los demás». Se podría considerar que J. J. Rousseau (*ibidem*, p. 101) hiciera anticipaciones sobre la necesidad de la devolución y la ruptura del contrato didáctico sustituyendo a la autoridad del docente por la «necesidad de las cosas» a través de la cual «el amo y el esclavo se depravan mutuamente». Para el docente se trata de

---

31 Él declaró en un comunicado en *Horizons mathématiques*: «Yo soy de los que creen que la educación matemática [...] es necesaria para la cultura de una sociedad que quiere ser una democracia» (Brousseau, 1988b, p. 17).

«[mantener] al niño en la sola dependencia de las cosas [...] (y nunca ofrecer) a sus deseos indiscretos más que obstáculos físicos o castigos que se deriven de sus propias acciones [...] La experiencia o la impotencia solo deben servir de ley». Por consiguiente, es con la disimulación de la voluntad didáctica en el medio a-didáctico que la ruptura del contrato adquiere todo su sentido pedagógico y didáctico. La necesidad de esta ruptura podría resumirse en el siguiente aforismo: "Créeme", dice el docente al estudiante, "osa utilizar tu propio saber y aprenderás", fórmula que no puede dejar de hacernos recordar la afirmación de Kant (1991, p. 43): «Ten el coraje de servirte de *tu propio* entendimiento».

El educador preferirá afirmar «créeme», el psicosociólogo dirá «osa». El Didacta, desde su posición, se interesará en la consecuencia de esta máxima en lo que refiere a la relación enseñar-aprender. En cuanto al filósofo, él, a semejanza de L. Wittgenstein y P. Clanché (1994), examinará a sí mismo sobre el sentido de las relaciones entre estos tres polos: creer, osar y saber.

5.4. El contrato didáctico: diferentes enfoques

Un concepto vive a través de los usos (legítimos o no) que se hacen. Como todo concepto científico, el contrato didáctico fue sometido al trabajo de la noosfera; desde ese momento apareció su fuerza, debida a la capacidad de producir sentido (o vínculos) en (y con los) campos vecinos, pero apareció también su debilidad, debida a las deformaciones vinculadas a su vagabundeo noológico. Con el fin de ordenar estos campos hemos elegido situarlos frente a dos categorías de oposiciones correspondientes a lo que podríamos designar como «el armazón epistemológico» del contrato didáctico, definido por la doble paradoja discutida anteriormente. Esquematizaremos estas dos categorías de oposiciones en el esquema siguiente.

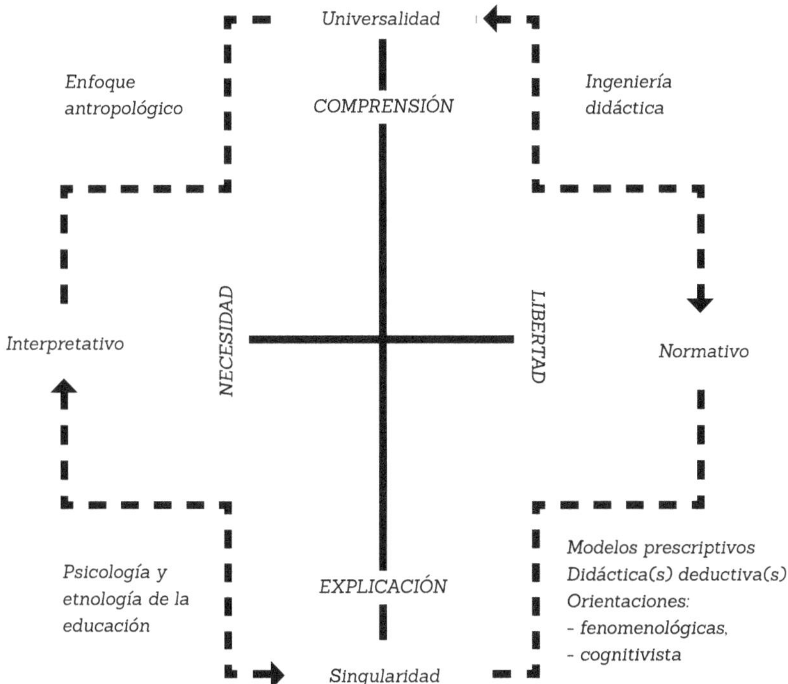

A. El enfoque antropológico

En el ámbito de esta aproximación, el contrato didáctico es a menudo considerado como un acto simbólico fundador por medio del cual el estudiante se convierte en sujeto didáctico en el seno de la institución didáctica.[32] En este campo, los trabajos de Yves Chevallard son los más conocidos y merecen algunos comentarios.

Para Chevallard (1988b) el "primer contrato didáctico" es un contrato social cuyo origen se sitúa en el proyecto social de enseñanza y, aunque esta relación contractual ha

---

32 El concepto de institución es usado aquí en el sentido weberiano, es decir, designa las comunidades en las cuales una persona participa por nacimiento o por educación: «Se espera que usted participe en la actividad comunitaria y, en forma totalmente particular, que oriente su actividad según las normas y, medianamente, se está en el derecho de esperar esto de usted, porque se considera que los individuos están obligados empíricamente a tomar parte en la actividad comunitaria constitutiva de la Comunidad; tenemos la suerte que ellos están obligados a hacerlo [sic], bajo la presión de una maquinaria de coacción (por dulce que sea su forma), eventualmente incluso a pesar suyo» (Weber, 1992, p. 353).

tenido un origen, el contrato aparece a través de los efectos que genera. Es siempre un "aquí y ahora" que preexiste e instaura la relación didáctica a través de la unión del docente, el estudiante y el saber, atribuyendo a cada uno su papel. En esta relación, el niño está sujeto a las cláusulas del contrato y al mecanismo de individualización didáctica en virtud del cual él será interpelado sobre los asuntos didácticos, teniendo en cuenta el carácter específico de los requerimientos didácticos,[33] de los cuales será el destinatario. Pero al mismo tiempo el contrato determina una particular visión del mundo para cada uno de los contratantes cuyas acciones tienen sentido solo en este marco interpretativo (Chevallard, 1988a, p. 12). Es en el estudio de las relaciones institucionales y de las relaciones personales respecto del saber, tanto del estudiante como del docente, que se sitúan la mayor parte de los trabajos de Yves Chevallard sobre la cuestión del contrato y es también en lo que reside la originalidad de su enfoque.

No obstante -como veremos-, su punto de vista en ciertos aspectos, es comparable al de Janine Filloux (1974), que había inaugurado la idea de contrato pedagógico. Ella ha intentado clarificar las relaciones entre docentes y estudiantes en el ámbito pedagógico a través del análisis de las representaciones en la (y de la) relación pedagógica. Su investigación revela las contradicciones inherentes a esta relación. Filloux muestra, mediante el análisis de los discursos de los docentes y de los estudiantes, cómo se elabora esta dinámica de la paradoja, esta "relacionalidad" oscilante entre el polo de la relación seductora del docente con el estudiante -casi mágica e irracional- y el polo de la racionalidad que define su proyecto educativo.

La relación pedagógica que une a docente y estudiante reposa sobre la idea de un doble contrato. El primer contrato, de origen institucional, determina los estatutos de los docentes

---

33 Las requerimientos didácticos son aquéllos por medio de las cuales el sujeto es interpelado en tanto sujeto didáctico; «él está obligado, en principio, por una imagen singular del universal» y no puede escaparse de esta exhortación, contrariamente a las órdenes de equipo para las cuales el destinatario podrá encontrar un miembro (de su familia, de la clase...) que lo podrá sustituir (Chevallard, 1988b, p. 27).

y de los estudiantes a través de la definición de sus respectivas posiciones en la estructura social: el docente que tiene la tarea de enseñar, el estudiante la de "ser enseñado". Esta cláusula inicial es fundadora del estatuto de los dos contratantes: «don incondicional del docente y don incondicional del estudiante» y no tolera alguna incertidumbre: «o es el docente el que no es un verdadero docente, o es el estudiante el que no es un verdadero estudiante» (Filloux, 1974, p. 118). Este contrato inicial puede vivir solo gracias a los artificios del contrato pedagógico que enmascara esta relación de sumisión - dominación instaurada por el contrato institucional y que, al mismo tiempo, elimina cualquier posibilidad de conflicto de poder o de violencia. Este contrato pedagógico «pretende regular los intercambios entre las dos partes contratantes, estableciendo por un periodo de tiempo limitado un sistema de derechos y deberes recíprocos; éste supone el principio de consentimiento mutuo entre los contratantes puesto que se basa en la enunciación de una regla de juego a la que cada uno debe libremente someterse y, por lo tanto, excluye cualquier posible engaño [...] (Esto) estructura las zonas de normalidad y de desviación en el ámbito pedagógico» (*ibidem*, p. 110). Como anunciábamos al comienzo de este apartado, haremos notar ahora la analogía entre esta definición del contrato pedagógico y la siguiente definición de contrato didáctico: «(El) contrato didáctico define los derechos y deberes de los estudiantes, los derechos y deberes del docente y, en virtud de este reparto de tareas, subdivide y limita las responsabilidades de cada uno» (Chevallard, 1988a, p. 19).

En la misma línea teórica seguida por J. Filloux, pero en una óptica más orientada hacia una reflexión sobre la epistemología de la didáctica, Blanchard-Laville (1989) plantea el problema de la objetividad tratando de restaurar el sujeto hasta entonces excluido del discurso didáctico. Ella propone la idea de una sobre-determinación «de los efectos inconscientes» sobre los agentes de la relación didáctica. Este determinismo daría razón del funcionamiento mismo del contrato didáctico que se explicaría «en la dinámica transferencial» y viviría gracias a las «maquinarias psíquicas» de los protagonistas. Con esto ella se erige contra la utopía fantasmagórica del «deseo del súper-control del acto didáctico». Las investigaciones sobre la reproducibilidad de las situaciones (Artigue, 1988) y, en particular, sobre el papel del docente (Arsac & Mante, 1989), han mostrado la pertinencia y el interés de las cuestiones que ella planteaba.

A nuestro conocimiento, pocos didactas se han comprometido con esta vía y estos trabajos se mantienen relativamente al margen. Sobre esta cuestión de las teorías conexas, Brousseau subraya la necesidad de elaborar teorías sobre las relaciones existentes entre las varias teorías de la enseñanza. Ahora, la investigación en didáctica de orientación psicoanalítica, especialmente las de Blanchard-Laville, «no son en absoluto centradas en la naturaleza del saber, muy poco o muy mal [valora Brousseau, 1986b, p. 158] [...] El contrato didáctico no es un contrato pedagógico general. Éste depende estrechamente de las conocimientos puestos en juego». No se debe ver en esto el signo de un rechazo a las teorías complementarias, sino la necesidad de establecer un *vínculo*, una conversión entre las dos teorías. Este vínculo puede existir solo bajo la condición de que «exista un objeto que tenga un sentido para las dos: es necesario que yo diga por medio de qué objeto didáctico el psiquismo se expresa en esta situación» (Brousseau, 1991a, p. 158).

Volvemos a encontrar aquí las dificultades de auto-nominación de este concepto que hemos mencionado a propósito de ciertas zonas de solapamiento entre contrato pedagógico y contrato didáctico. Es probablemente a partir de una voluntad de delimitación de fronteras, de la necesidad de una ruptura epistemológica, que aparecerían dos conceptos en el ámbito didáctico: el de metacontrato, introducido por Chevallard en 1988, y el de costumbre, propuesto en el mismo período por Nicolas Balacheff.

5.5 Metacontrato y costumbre

A. El concepto de "metacontrato"

La perspectiva antropológica, en la cual se ha comprometido Yves Chevallard, le ha llevado a examinar lo que, más allá de las rupturas de contratos didácticos sucesivos y de sus contenidos específicos, permanecía inalterado y permitía la progresión didáctica. Es así como fue llevado a introducir la noción de metacontrato. Este término designa una estructura invariante constituida por el «conjunto de las cláusulas que gestionan, en un determinado campo, toda adhesión a un contrato y lo que garantiza el funcionamiento eficiente, cualesquiera que sean los contenidos particulares» (Chevallard, 1988a, p. 58). Esta estructura permitiría al estudiante detectar y dar significado a los "desplazamientos" del contrato didáctico, las ambivalencias, las polisemias…, en una frase, los constitutivos tácitos o no declarados del contrato didáctico, los cuales, a largo plazo, son percibidos como rupturas de la legislación que este último se presume había promulgado. La pragmática de la enunciación, especialmente el famoso "principio de cooperación" de Grice (1979), proporcionará a Chevallard las bases de una teorización de las implicaciones conversacionales puestas en marcha en el contrato didáctico.

Según Herbert Paul Grice (1979, p. 61), una conversación es posible solo si los participantes aceptan mutuamente un principio de cooperación tal que: «vuestra contribución conversacional debe adecuarse, en el estadio en que tenga lugar, a lo que se exige de vosotros a través del propósito o la dirección del intercambio hablado en el cual os habéis comprometido».

Este principio es precisado por un conjunto de reglas agrupadas en cuatro categorías:

— categoría de cantidad: la cantidad de información debe ser necesaria y suficiente;
— categoría de calidad: «Que su contribución sea verídica»;

— categoría de relación: «Hablad a propósito»;
— categoría de modalidad: lo que se dice debe ser claro, no ambiguo.

Según Chevallard las implicaciones de una intervención didáctica pueden confirmar o invalidar el contrato en curso. En este último caso, él estima que «el estudiante, no encontrando en el contrato la hipótesis que permitiría conciliar este último con la intervención del docente respecto de la PCR [Presunción del Cumplimiento de las Reglas], deberá entonces concluir, en principio, que el contrato se ha "modificado", o más bien que el docente desea modificar el contrato [...]» (Chevallard, 1988a, p. 61).

Este punto de vista llama a dos observaciones. La primera concierne al estatuto que concede las reglas del intercambio, la segunda interrogará la utilidad del concepto introducido.

En primer lugar el análisis propuesto por Chevallard descansa en tres postulados implícitos que nos proponemos debatir. La "racionalidad subjetiva" del estudiante, según la expresión de Max Weber (1992), que en este caso parece ser equiparada a la racionalidad de un teórico. En efecto, nada nos autoriza a concluir que las metareglas que definen el principio de cooperación tengan un peso más relevante que las que derivan del contrato didáctico. ¿En virtud de qué categoría de reglas, el estudiante podría concluir que «el contrato se ha modificado»? ¿Se deberían hacer intervenir las "meta-meta-reglas" para determinar qué metareglas son, aquí y ahora, pertinentes: las del metacontrato o las del contrato didáctico? Por otra parte, no hay ninguna razón para creer que el estudiante actúe postulando la invariancia y la aplicación del principio de cooperación. El efecto de la "edad del capitán"[34] es aquí un contraejemplo: nosotros podemos

---

34 Como recordamos antes, un equipo del IREM de Grenoble (1979) propuso a estudiantes de varias clases de cursos de la escuela primaria el enunciado siguiente: «En un barco hay 26 ovejas y 10 cabras. ¿Cuál es la edad del capitán?». Ellos constataron que 76 de 97 estudiantes dieron la edad del capitán combinando los datos numéricos del enunciado. Notemos que la expresión «efecto edad del capitán» nació de la pluma de Adda (1987) para designar la conducta de un estudiante que calcula la respuesta de un problema utilizando una parte o la totalidad de los números que son suministrados en el enunciado, aun cuando este problema no posee una solución numérica.

perfectamente imaginar que el estudiante se pueda someter a las cláusulas supuestas del contrato, afirmando que el célebre capitán tiene 36 años y pensar, al mismo tiempo, que las reglas relacionadas con el principio de cooperación no se están cumpliendo (especialmente las reglas de la categoría de modalidad o las de la categoría de relación). En términos más banales: el estudiante puede muy bien pensar que el docente no sabe qué hace, cuando pide lo que pide, y sin embargo cumplir esta exigencia para no tener problemas.

Finalmente, este análisis se basa en el postulado de la transparencia de las reglas del juego; el estudiante y el docente funcionarían permanentemente según las mismas reglas y compartirían un significado común. Si este fuera el caso, ¿cómo podríamos explicar las rupturas no intencionales del contrato didáctico? Los trabajos en didáctica de la matemática de enfoque etnográfico de la escuela alemana, especialmente los de G. Krummheuer (1988), han puesto en evidencia esta ilusión: el docente hace como si el marco de referencia (en el sentido de Goffman, 1974) de los estudiantes correspondiera al suyo y los estudiantes continúan trabajando en su marco de referencia inicial.

En segundo lugar, del mismo modo como no se sabría encontrar un fundamento legal para el derecho, o uno racional para la razón, el contrato didáctico no deriva de un orden contractual (pero tendería al carácter sagrado de la agrupación o reunión de las personas o las cosas (Durkheim, 1969). Postular un metacontrato lleva a asimilar la lógica del actor a la del investigador. Es, de hecho, por esta confusión que resulta el postulado de la normatividad y de la invariancia de las reglas del intercambio sobre el cual se basan los modelos prescriptivos que abordaremos a continuación. La implicación conversacional es uno de los rasgos característicos de la relación didáctica («El saber y el proyecto de enseñanza deberán avanzar bajo una máscara» subraya G. Brousseau, 1987b, p. 34). En efecto, contrariamente a la conversación ordinaria, el máximo de cantidad no puede ser respetado constitutivamente: el docente no puede ser totalmente explícito en sus requerimientos didácticos. Lo implicado (lo que está implícito) es precisamente lo que se pone en juego y es el sentido de la situación didáctica. Ésta se vaciará de todo sentido desde el momento en que lo implicado se convierte en objeto del discurso o tan pronto como se designan implicitaciones particuralizadas del tipo: «¿habéis oído la respuesta de X?», «¿estás seguro?»,…[35]

Para el conjunto de los motivos antes expuestos, nosotros preferimos la distinción establecida por Nicolás Balacheff entre contrato didáctico y costumbre.

B. El concepto de "costumbre"

La necesidad de distinguir entre contrato didáctico y costumbre es presentada por Nicolas Balacheff (1988) en el curso de un estudio sobre las interacciones sociales en la construcción de una conjetura a propósito de la suma de los ángulos de un triángulo, donde la afirmación «mientras más grande es un triángulo, más grande será la suma de sus ángulos» expresa una concepción ampliamente difundida en los estudiantes. El análisis de dos secuencias, realizadas en dos clases, hace aparecer variaciones importantes en la negociación del contrato didáctico. Estas son, en primer lugar, interpretadas como la consecuencia de las diferencias en el contrato inicial (las reglas de funcionamiento social habían sido explicadas en una clase y no en la otra). Ahora, estas reglas presentaban un «carácter legislativo muy general» y parecían proceder de un «orden más profundo y más permanente» que aquellas procedentes de un orden contractual. Es en este contexto experimental que Balacheff fue llevado a introducir la oposición entre la sociedad de costumbre y la sociedad de derecho, definiendo la costumbre como «un conjunto de prácticas obligatorias [...], de modos de actuar establecidos por el uso; por lo general implícitamente» (Balacheff, 1988, p. 21).

La clase es vista aquí como una sociedad de costumbres en la cual la costumbre propia, generada por las prácticas

---

35 Este fenómeno se ha identificado con el nombre de efecto Topaze: «El docente sugiere la respuesta disimulándola bajo codificaciones didácticas cada vez más transparentes» (Brousseau, 1986a, p. 289).

sociales, organiza las relaciones sociales y el funcionamiento de las regulaciones sociales. Esto explicaría la relativa estabilidad observada en las clases en ocasión de la alternancia de contratos didácticos diversos, por ejemplo, en ocasión del paso entre una situación a-didáctica y una situación de institucionalización.

Esta distinción pone de manifiesto una vez más la especificidad y, al mismo tiempo, la localización del contrato didáctico y destaca el interés que puede haber en situarlo en su "biotopo cultural". En efecto, esta reorientación era necesaria, habida cuenta de las extensiones, a veces abusivas, del alcance explicativo del contrato didáctico. Estas extensiones atestiguan la dificultad, para el didacta, de aislar fenómenos en la complejidad de las situaciones, depurando la dimensión psicosocial de estas últimas. Distinguir el contrato de la costumbre o, más bien, "extraer/asociar" la dimensión ritual del contrato, procede de esta voluntad epistemológica. Por necesaria que sea en el campo didáctico, esta delimitación desplaza el problema de la especificidad fundadora del didacta. En efecto, nosotros no pensamos, contrariamente a lo que parece afirmar N. Balacheff (1988, p. 22), que la costumbre sea específica del saber enseñado. Esto podría permitir explicar la rara aparición de este concepto en las publicaciones, a pesar de que permite esclarecer la evolución del estatuto de ciertos objetos paramatemáticos (la demostración, por ejemplo; *ibidem*, p. 22).

C. El contrato didáctico y la ingeniería didáctica

Sean cuales sean las directrices de la ingeniería didáctica, como medio de acción sobre el sistema de enseñanza o como metodología de investigación, los trabajos en este campo proponen una modelización de las formas de actuar, en términos de contratos formales (Brousseau, 1982, p. 2) de las situaciones didácticas. La noción de contrato formal nos parece más adecuada que la de contrato didáctico debido a la exclusión de los roles del docente en esta modelización (Artigue, 1988, p. 296).

Para Brousseau (1989b, p. 12), efectivamente, «una buena situación es una buena situación, cualquiera que sea el autor [docentes o 'ingenieros didactas']». Este punto de vista es convincente, con la reserva que el actor que pone en escena esta situación corresponde a un «docente genérico», susceptible de «trabajar sobre un texto [...] que él, en principio, debe seguir fielmente, y donde la 'fidelidad' demandada será precisada en las 'instrucciones de uso'». (Chevallard, 1988a, p. 68).[36]

Ahora, los trabajos realizados sobre la reproducibilidad -especialmente los de Brousseau (1989a) sobre la obsolescencia- muestran que existe allí un verdadero campo de investigación (Artigue, 1988; Catz, 1986; Bonami, 1986; Gage, 1986). Las investigaciones de Arsac y Mante (1989) han permitido establecer las dificultades de la transmisión de escenario de una lección. Aunque "buena", su realización por parte del docente depende de su gestión habitual de las lecciones y, generalmente, de la interpretación que él hará de este escenario. Efectivamente el docente podrá, según los casos, hacer algunas preguntas inductoras, ignorar los argumentos de algunos estudiantes, intervenir en el debate..., incluso tantos casos de opciones didácticas improvisadas, no necesariamente conscientes que, aunque triviales, modifican profundamente la situación prevista por el investigador. Por razones similares, Philippe Perrenoud (1986) afirma la necesidad de considerar la diversidad de las prácticas de los docentes. Descuidar esta variedad lleva, inexorablemente, cada estrategia de cambio al fracaso. Además, las motivaciones de los docentes en ejercicio son extremadamente diversas y se puede pensar que pocos de ellos aceptarían «encontrarse así, obligados como en la fábrica de una "organización científica del trabajo", por obligaciones de rendimiento, por controles técnicos y jerarquías permanentes» (Perrenoud, 1988, p. 228).

---

36 Según Y. Chevallard (1988a, p. 68), es el caso, por ejemplo, de un docente que colabora con un didacta cuyo oficio es más cercano a la *commedia sostenuta* (o erudita, basada en un texto literario escrito) que no a la *commedia dell'arte* (el actor improvisa sobre un texto no completamente definido) aplicada por el docente "ordinario" [sic].

A este respecto podemos señalar la posición mucho más radical de Bayer (1986, p. 503) para quien la variedad de las constricciones de funcionamiento constituye un límite a las esperanzas de «dominio racional de los procesos de enseñanza». El conjunto de estos trabajos destaca el interés de la toma en cuenta del contrato didáctico como medio para integrar las acciones del docente en el análisis didáctico (Douady et al., 1987). Un ejemplo de este interés nos ha facilitado el estudio que Brousseau designa como «la memoria del sistema didáctico» (Brousseau, 1988c, 1991b). Es a partir de ella que proceden las respuestas a preguntas del tipo: ¿cuáles son las convenciones adoptadas?, ¿qué conocimientos se han institucionalizado?, ¿en qué tipo de situaciones? Si el docente es responsable de su gestión, el estudiante tiene también la obligación de referirse a ella. Dicho en otras palabras, esta memoria es constitutiva del contrato didáctico a causa de las "presiones didácticas" y las exigencias que hace posible. Por ejemplo, es por medio de ellas que el docente desbloquea, o intentará desbloquear, una situación al hacer referencia a una situación similar pero no percibida como tal por los estudiantes.

Esta memoria es también movilizada, a menudo de manera implícita, en situaciones didácticas con el fin de permitir la articulación de aspectos nuevos y viejos del conocimiento en juego. Constituyendo así una garantía tácita del docente gracias a la cual él puede negociar el compromiso del estudiante en una situación de aprendizaje. Este aspecto transaccional de la adquisición de algunas convenciones es analizado por Jerome Bruner (1982) a propósito de las interacciones entre una madre y su bebé. La madre gradúa sus exigencias sobre las representaciones que ella ha hecho del nivel de rendimiento de su niño. Desde el momento en que se manifiesta, en el niño, una conducta (comportamiento) esperada por la madre, aunque sea sólo por una vez, esta última no aceptará más que él lo olvide en seguida, pero rara vez sucede que esta presión genere una confrontación. En este caso la madre indica entonces al niño (con un tono descendente) que ella sabe que él sabe. Las investigaciones de M. Dumont y E. Moss (1992) subrayan la importancia de estas interacciones socioafectivas sobre el desarrollo cognitivo del sujeto.

Este último aspecto nos lleva a considerar la dimensión psicológica del contrato didáctico en el marco de las interacciones didácticas.

D. El enfoque psicosociológico

En líneas generales, las investigaciones psicosociológicas se preocupan fundamentalmente de poner en evidencia las influencias de las representaciones de las prácticas sociales, del saber y de los socios de la relación didáctica, en la construcción y la «función diferencial del contrato» (Schubauer-Leoni, 1986a, 1988b, 1989). Esta mirada psicosocial interroga la relación didáctica articulando estas diferentes posiciones. En forma complementaria a los dos enfoques anteriores, estas investigaciones pondrán el foco de atención sobre los procesos inter e intra-individuales de la adquisición de conocimientos.

Recordemos que el interaccionismo representó, a finales de los años 70, una fuerza teórica que se opuso a las tesis deterministas en boga entonces. Ante el fracaso de los programas de educación compensatoria, no se podía estar satisfechos con una explicación del fracaso en términos del reflejo de los factores sociológicos (déficit, discapacidad sociocultural) (véase Forquin, 1979b, 1982). Se trataba de entender mediante qué tipos de proceso estas diferencias se inscribían en la relación pedagógica. La relación educativa se encontró en el centro de las preocupaciones de los investigadores en el ámbito de la psico-sociología de la educación, como atestigua la aparición de la obra de Postic (1979), el coloquio del CRESAS (*Centre de Recherche de l'education specialisée et de l'adaptation scolaire*) de 1979 sobre el tema de los hándicaps socio-culturales o, aún, el de Ginebra, el mismo año, en torno al concepto de evaluación formativa (Allal et al., 1979). La dinámica propia del enfoque psicosocial, entre una "lógica estructural" y una "lógica de los actos", según la expresión de Mollo-Bouvier (1987), había iniciado. Las teorías del déficit cultural o lingüístico se sustituyen poco a poco por problemáticas centradas en los actores, sobre sus roles, sobre sus estatutos o sus representaciones (Gilly, 1980), sobre sus interacciones (Perret-Clermont, 1981; Doise & Mugny, 1981), los efectos de las predicciones o las expectativas de los docentes (Rosenthal & Jacobson, 1971; Mare, 1984) o, aún, sobre los modos diferenciales de tratamiento pedagógico de la diversidad de los estudiantes (Perrenoud, 1982). Las dificultades escolares son ahora consideradas en términos de «dominio desigual de las situaciones escolares», según la expresión de Brossard (1981), y no son más concebidas como simples efectos de hándicaps socio-cultural, cognoscitivos o lingüísticos.

Aunque el término contrato didáctico no era todavía de uso común, eran numerosos los casos registrados desde su nivel de análisis. Es así como, en 1981, Brossard observó que algunos estudiantes decodificaban con más finura las intenciones del docente y presentaban más facilidad

> para anticipar las preguntas del docente, para situar una actividad particular respecto al conjunto de las actividades […]; otros, al contrario, se valen de la sumisión a las exigencias del docente, el esfuerzo para cumplir sus intenciones manifiestas o, incluso, la renuncia a buscar la razón de lo que se hace (Brossard, 1981, p. 18).

Estas interpretaciones diferenciales de las situaciones remiten a tres tipos de preguntas que responden sensiblemente a la evolución de las investigaciones:

1. ¿Cuál es el origen de las competencias psicosociales?
2. ¿Es verdad que determinadas situaciones no son inhibidoras sino que, al contrario, revelan la actualización de estas competencias psicosociales?
3. ¿Es verdad que la activación de los procedimientos adecuados (esperados) no depende, al mismo tiempo de la naturaleza de la tarea y de la situación social en

la cual se produce? Más en profundidad, ¿se puede decir que las competencias psicosociales existen independientemente de la organización sociocognitiva de las situaciones en que se manifiestan y el significado compartido entre las personas que interactúan sobre el objeto sobre el cual se basa la situación?

1. La primera cuestión remite a factores explicativos exógenos que, en la mayor parte de los casos, proceden del ámbito de la psicología diferencial (Reuchlin, 1990a, 1990b, 1991). Los trabajos sobre la dependencia-interdependencia respecto al campo (DIC) sugieren la hipótesis según la cual la sensibilidad a influencias sociales sería la expresión de un estilo cognitivo (dependiente del campo) (Witkin *et al.*, 1978; Huteau, 1987). Estas diferencias de estilo permitirían explicar, entre otras cosas, el mejor rendimiento académico, especialmente en matemática, de los estudiantes «independientes del campo» (Testu, 1986). Los orígenes de esta diferenciación se establecen esencialmente sobre la base de enfoques correlacionales (dominancia hemiesférica, influencia de factores endocrinos, pertenencia/afiliación social...). Nosotros pensamos, en acuerdo con Bastien (1986), que esta teoría sigue siendo muy débilmente explicativa y plantea serias dudas en cuanto a consistencia. Finalmente, los trabajos de Py y Somat (1991), centrados en la relación enseñanza-estudiante, nos parece poder aportar elementos interesantes (pensamos en particular al concepto de "clarividencia normativa"[37] sobre los procesos de adquisición de conocimiento de las reglas sociales).

---

37 La clarividencia se define como «un conocimiento [...] del carácter normativo o contra-normativo de un tipo de comportamientos sociales o de un tipo de juicios y, por otra parte, la conformidad o la no-conformidad de un comportamiento en relación con lo que es esperado por un individuo que tiene un cierto estatus» (Py & Somat, 1991, p. 172).

2. La segunda cuestión remite a los estudios sobre la correspondencia entre aspectos formales de las situaciones sociales y los procesos socio-cognitivos. Los estudiantes producen formas de razonamiento compatibles con la estructura social en que ellos interactúan (Huguet *et al.*, 1992; Smedslund, 1977; Schubauer-Leoni, 1986a, 1986b). Como muestra Dumont (1981), incluso en las tareas cerradas como las situaciones-test (que se basan en la implicación lógica), los sujetos se apoyan sobre el "contorno" de las pruebas a fin de producir una respuesta. El conocimiento que tienen del contexto juega un papel no desdeñable en la resolución a fin de compensar la "información degradada" procedente de las ambigüedades, de los presupuestos del discurso de los docentes (Politzer, 1979). Los trabajos posteriores de Nicolet *et al.*, (1988) invalidan la hipótesis culturalista de Politzer según la cual el nivel cultural permitía al estudiante restituir, o no, los implícitos del discurso didáctico. En efecto, los autores mostraron que el vínculo entre el origen social y los desempeños observados en las pruebas piagetianas puede variar en función de las condiciones de la presentación de la tarea y del tipo de relación. La ausencia de determinación directa de los factores sociológicos sobre los factores cognoscitivos conducirá a los investigadores hacia una hipótesis alternativa en términos de construcción de una inter-subjetividad capaz de permitir una definición de la tarea. Bajo esta perspectiva, para el estudiante acertar en una prueba «es llegar, mediante una movilización de las competencias intelectuales, discursivas y relacionales a descubrir la mejor respuesta entre las que el adulto espera recibir» (Nicolet *et al.*, 1989, p. 89). Estos trabajos, provenientes en su mayor parte de la escuela ginebrina, impregnados de tradición piagetiana, estuvieron centrados esencialmente sobre los avances cognoscitivos, descuidaron la influencia de las representaciones, y por tanto, de los significados

relacionados con la especificidad del objeto sobre el cual se basaba la actividad del sujeto.[38]

3. Ya no es el caso de las investigaciones sucesivas (Perret-Clermont, Schubauer-Leoni & Grossen, 1991) en el ámbito de la psicología genética social: las cuales reúnen cada vez más las preocupaciones de los didactas (Adda, 1985, 1987; Balacheff & Laborde, 1985; Noirfalise, 1990), integrando en su problemática:

I. El papel del sujeto en situación de interacción (Drodzda-Senkowska, 1992).

II. La naturaleza del objeto sobre el cual se basa la interacción (véanse los trabajos ya citados de Schubauer-Leoni sobre matemática).

III. El contexto general de la interacción (definido aquí como lugar físico o simbólico en el que se desarrolla la interacción) (véanse los trabajos de Krummheuer, 1988).

Desde este punto de vista, la diferencia subrayada por Gilly (1978, 1989) entre los enfoques procesales de la escuela de Aix en psicología social y el enfoque estructural de la escuela ginebrina, tendería a desaparecer. En efecto, las nuevas perspectivas de investigación que acabamos de mencionar se remontan a las de J.-C. Abric (1989) a propósito de la influencia decisiva de las variables contextuales (¿el destinatario del problema es un docente o un estudiante?) en la construcción de una representación de la situación que lleva a movilizaciones diferenciadas de las capacidades cognitivas. Estos resultados concuerdan con los de Brossard (1993) quien, en el mismo orden de ideas, muestra que las conductas de los estudiantes no deberán ser relacionadas

---

38 Sería inexacto encasillar los trabajos de la escuela ginebrina en esta tradición estructuralista. En efecto, Piaget había abierto el camino de una lógica de los significados, al mostrar que la construcción de conocimientos no era independiente de los significados atribuidos a los objetos, a sus propiedades y a las acciones que el sujeto ejerce sobre ellos (Piaget & Garcia, 1987). Debemos también señalar la obra colectiva que, sin dejar de inscribirse en la continuidad de la tradición piagetiana, inaugura un enfoque funcionalista y procedimental de las microgenesis cognitivas (Inhelder et al., 1992. Véase también Vergnaud, 1981).

solo con sus particularidades psicológicas, sino que deben ser incorporadas en el contexto en que se actualizan. Por ejemplo, la proximidad del "contexto de adquisición" o "el desafío atribuido a la tarea" (trivial *vs* fuerte) constituyen unas variables contextuales muy pertinentes para explicar las diferencias de rendimiento de los estudiantes en una tarea de resolución de un problema.

Más directamente centrados en el contrato didáctico, los trabajos de Andreucci y Roux (1989) merecen algunos comentarios. Retomando los estudios piagetianos sobre el desfase observado entre los logros alcanzados en el plano de la acción y los del plano de la formalización, los investigadores de la escuela de Aix muestran que estos desfases están estrechamente vinculados a las variables sociales que definen la representación de la tarea. Los estudiantes no activarían sus conocimientos en una situación-problema, porque

> las características sociales de resolución de estos problemas no los orientan a una buena representación de la construcción de estos problemas […] Los niños que se enfrentan a estos problemas se someten a las necesidades implícitas de un "contrato didáctico" que les lleva a movilizar construcciones cognitivas de distinto tipo para los problemas de "tipo social" diferente (Andreucci & Roux, 1989, p. 286).

Los autores proponen dos situaciones problema (realización de una pavimentación compleja) según dos modalidades: una "práctica" y otra de tipo "escolar". Los resultados hacen aparecer un vínculo entre las condiciones de actualización de los procedimientos y las condiciones sociales de las situaciones-problema. En la modalidad escolar, la representación del problema aparece estrechamente vinculada al contrato didáctico: los estudiantes reutilizan los procedimientos de resolución enseñados en la escuela e implementan los algoritmos de cálculo. Así los estudiantes aprenden socialmente unos procedimientos cuya reactivación depende de la correspondencia establecida entre la situación-problema del momento y la situación social de la puesta en marcha de estas organizaciones socio-cognitivas. Los autores sugieren que una diversificación de las situaciones de aprendizaje permitiría mejor poner a los estudiantes en condición de establecer vínculos entre sus "capacidades socio-cognitivas" y las "organizaciones cognitivas" esperadas en el proceso de enseñanza.

Es cierto que aparecen trabajos como el de Schubauer-Leoni (1986a, p. 62) -que propone el concepto de "contrato diferencial"-, el de Balacheff y Laborde (1985) o, aún, el de Krummheuer (1988). Sin embargo, puede sorprender el hecho de que el conjunto de los trabajos psicosociológicos no haya tenido más que un débil eco entre los didactas, entonces poco interesados en los enfoques diferenciales (¿se debe ver en esto una voluntad de definición de fronteras frente a los enfoques pedagógicos?, ¿una influencia de la tradición piagetiana?...). Recíprocamente, la mayor parte de los psicólogos sociales desatiende, en sus planteamientos, las aportaciones de las didácticas disciplinares; pensemos, en particular, en el interés que podría representar la teoría de las situaciones en el análisis de conflictos socio-cognoscitivos observables en las situaciones de validación. Esta división perdura, como ya comentaba lamentándose, Gilly (1989) al final de un encuentro internacional que reunió a docentes y psicólogos sociales. Sin embargo, desde hace algunos años estas fronteras tienden tímidamente a esfumarse.

E. El contrato didáctico a través del paradigma etnográfico

No es fácil clasificar los distintos trabajos referidos al contrato didáctico que proceden de este ámbito teórico, debido a la multiplicidad de las corrientes existentes tanto en el ámbito de la sociología de la educación (sociología de la desviación, etno-sociología, etno-metodología...) como en el de la etnología de la educación (etnografía, etno-psicología, etnografía de la comunicación...). Sin entrar en detalles de estos diferentes enfoques, observamos que la mayor parte de ellos se ha derivado de la corriente del interaccionismo simbólico que hemos mencionado anteriormente. Estos establecen, respecto del objeto, una relación casi análoga, consistente, según Erny (1991), en […] estudiar los hechos tal y como aparecen, por sí mismos, tratando de describirlos, de comprenderlos, de compararlos y explicarlos, sin basarse en ellos para emitir un juicio normativo y sin necesariamente pensar en la aplicación.[39]

En forma complementaria al enfoque experimental, el enfoque etnográfico está centrado en interpretaciones de los actores, a fin de comprender su modo de actuar y de relacionarse. La clase es considerada como un lugar en que, para el docente y para los estudiantes, se trata no solo de enseñar o aprender, sino también de "hacer frente" a una diversidad de situaciones. Para hacer esto, el niño debe aprender su oficio de estudiante (Sirota, 1993; Perrenoud, 1994). Esto le permitirá, no solo decodificar los significados del juego escolar a fin de «negociar o eludir las reglas y las instrucciones» (Perrenoud, 1988, p. 176), sino también de preservar sus intereses y de conciliar sus motivaciones a menudo contradictorias. Él intentará, por ejemplo, satisfacer las necesidades del docente, sin abandonar los valores comunes de su grupo de pares: "trabajar bien" puede llevarlo a ser percibido como un "gran trabajador" o un "oportunista" (Woods, 1990, p. 30), pero también puede llevar al docente a aumentar sus exigencias -exigencias que el grupo había conseguido reducir o estandarizar (la longitud de un escrito -Doyle, 1986, p. 459-; las notas de aplicación, la cantidad de tareas para hacer en casa, e incluso la negociación didáctica vinculada a la evaluación, Chevallard, 1986). Aunque el contrato didáctico no aparezca como un medio de análisis explícitamente designado, será, en muchos trabajos, el centro de las preocupaciones de los investigadores, como muestra esta reflexión de Mehan (citado por Coulon, 1988, p. 82): «La participación competente en la comunidad de la clase, exige a los estudiantes interpretar las normas implí-

---

39 Sobre esta cuestión podemos referirnos a Genevois, 1992; Derouet & Henriot, 1987; Coulon, 1993; Sirota, 1987.

citas de la clase, las cuáles deciden cuándo, con quién y la forma en que ellos tienen el derecho de hablar y cuándo, con quién y cómo pueden actuar». A este respecto, la investigación etnográfica dominante de Marchive (1995) sobre las prácticas de ayuda mutua entre estudiantes muestran que la "cultura pedagógica" de la clase no deja de tener efecto en la forma en que los estudiantes viven el contrato didáctico. En cierta manera estos trabajos, como un largo trabajo de Perrenoud (1994), podrían contribuir a la comprensión de los vínculos entre el clima pedagógico de una clase, las diversas dimensiones del currículo oculto[40] y los aspectos estrictamente didácticos de la relación docente-estudiante.

Contrariamente a los enfoques de tipo proceso-producto (Doyle, 1986), el enfoque etnográfico lleva a considerar al estudiante como un miembro activo que interpreta la cultura de la cual participa. Además, los comportamientos de los actores son siempre correspondientes al contexto en que se manifiestan. Otro punto, común a las diferentes corrientes mencionadas anteriormente y a las que se caracterizan por el enfoque psicosociológico o del análisis didáctico, es el interés manifestado por el estudio del currículo oculto y las diversidades de puesta en marcha del currículo prescrito en la práctica de enseñanza (Perrenoud, 1988, 1994).

En consecuencia, el contrato didáctico, nutriéndose del carácter implícito de las reglas, de sus "propiedades latentes" -según la expresión de Coulon (1993, p. 225)-, o los supuestos "que no hace falta decir", es aquí visto bajo el ángulo de los efectos que genera. Frente a las órdenes dadas y las decisiones del docente, el objetivo perseguido por el estudiante no es necesariamente el aprendizaje, incluso si las estrategias aparentemente utilizadas lo hacen suponer. El estudiante podrá buscar medios distintos de los esperados por el docente con el fin de satisfacer las exigencias del trabajo escolar (Perrenoud, 1994, cap. 5). Es el caso,

---

40 El currículo oculto corresponde a los aprendizajes "clandestinos" específicos de una clase (aprender a esperar, a evaluar los otros,…) que no resultan de un proyecto pedagógico explícito. «[Los] aspectos mejor ocultos del currículo afectan menos los valores y las representaciones de los sistemas de pensamiento o del habitus» (Perrenoud, 1984, p. 23).

por ejemplo, de una estudiante que utilizaba su memoria, pero que no entendía nada de lo que retenía (Woods, 1990, p. 34); o, aún, de esos estudiantes de los que habla Chevallard (1988b) para los cuales los ejercicios no eran más que un «medio para entender las declaraciones del docente las cuales constitu(ían)yen para ellos [...] el alfa y el omega del saber y no [como esperaba el docente] la manifestación de un saber». Hoy en día son todavía numerosos aquellos que piensan que las reglas -que los estudiantes intentan con frecuencia de eludir, o al menos negociar- tienen una "practicidad"[41] o un sentido práctico casi unívoco.

Nosotros pensamos, como Wittgenstein (1965), que una norma no contiene, en sí misma, las condiciones de su aplicación. Es precisamente en este espacio de libertad, lugar de la intencionalidad, que el significado de la regla se actualizará. Espacio que es también el escenario privilegiado del contrato didáctico y en el que se jugará el reconocimiento de la competencia o incompetencia del estudiante y, al mismo tiempo, su afiliación a la comunidad didáctica. En este proceso el estudiante manifiesta prácticamente su competencia social y didáctica para jugar con las normas, para adaptarlas, para modularlas en función de los problemas y las situaciones. Por ejemplo, en una situación de respuesta formal, el estudiante debe, en principio, responder a las preguntas que le son planteadas en el modo más fiel posible a lo que se le ha enseñado. Así él mostrará a su docente que ha considerado y entendido lo que este último ha intentado enseñarle; pero, como decía una "excelente" estudiante en ocasión de uno de nuestros encuentros de investigación, «si se escribe un enorme montón de texto, él (el docente) ve que hemos aprendido todo obtusamente, así...; pero si se pone exactamente el detalle particular que él quería, entonces él ve que hemos entendido bien». Es precisamente el modo en

---

41 Este concepto, introducido por Coulon (1993, p. 220), designará que «[las] potencialidades de puesta en aplicación, son los elementos invisibles de su puesta en obra concreta, son sus propiedades que aparecen solo en el transcurso del trabajo que consiste en seguir la regla». Para este autor la practicidad de las reglas consiste en las condiciones bajo las cuales es posible transformar las consignas, tanto institucionales como intelectuales, en acciones prácticas.

que el estudiante se distanciará sutilmente y deliberadamente de la norma comúnmente compartida (denominado «aprender las lecciones y rendir cuentas») que él construirá, manifestará y asegurará su excelencia escolar. Es en esta perspectiva que se inscribe la mayor parte de los trabajos de Perrenoud sobre la excelencia y sobre mostrar sus conocimientos, cuya importancia y originalidad teórica no necesitan ser demostradas.

Si las investigaciones de dominancia etnográfica o etnometodológica a menudo han sido criticadas por su ausencia de elementos explicativos, todas tienen el interés de proponer matices o proporcionar los elementos que permiten invalidar ciertas posiciones normativas sobre el proceso didáctico. Pensamos también, de acuerdo con M. J. Dunkin (1986, p. 77): «[que] antes de pronunciarse sobre lo que debe ser el docente, convendría entender mejor lo que él es». Los modelos didácticos y las investigaciones etnográficas no se excluyen totalmente, sino que son, según nosotros, totalmente complementarios: los primeros proporcionan un estatuto cognitivo a la incertidumbre, las segundas, en cambio, permiten integrar al modelo el significado social y los efectos de esta incertidumbre sobre los comportamientos de los estudiantes. En otros términos, los docentes tratan de establecer una causalidad didáctica, definida por Chevallard (1988b, p. 13) como la obligación de la didáctica de garantizar un vínculo de causa-efecto entre la práctica de enseñanza y los índices de aprendizaje de los estudiantes.

Por su parte, los etnógrafos ponen en evidencia las razones, a veces ocultas, de las acciones de los estudiantes. Esta diferencia nos recuerda aquella establecida por Goffman (1991, p. 33) entre dos categorías de normas, por ejemplo las reglas del juego de damas y las reglas de la circulación vial: «Las primeras permiten comprender el objetivo que los jugadores tratan de alcanzar, las segundas no nos dicen ni dónde tenemos que ir, ni porque nos deberíamos mover, pero se conforman con indicarnos qué se debe hacer cuando se quiere desplazar». Ahora, en clase, estas dos categorías están extremadamente vinculadas. Aunque resulte difícil trazar la frontera, esta dificultad no constituye un defecto: «creer que es un defecto sería un poco como si yo os dijera que mi lámpara de mesita de noche no es una verdadera lámpara porque yo soy incapaz de decir con certeza dónde termina su halo de luz» (Wittgenstein, 1965). Es aquí donde debemos ver el punto ciego de los modelos prescriptivos. En efecto, por muchos que sean los trabajos que ponen en evidencia las incertidumbres relacionadas con las implicaciones, ninguno de estos modelos toma en cuenta la funcionalidad o la pertinencia didáctica de estos implícitos en la organización del medio a-didáctico. Ellos eluden, al final, el papel central que tiene el contrato didáctico dentro del proceso didáctico.[42] Así, no es sorprendente que los prescriptores pasen en silencio las conductas atípicas, consideradas como los artefactos, los ruidos no significativos. En el mejor de las hipótesis, ellos eluden estas dificultades empíricas a través de una especie de "efecto Jourdain", refiriéndolo sistemáticamente a marcos exógenos en lugar de cuestionar la validez de su modelo praxeológico.

En definitiva pensamos que la complementariedad que acabamos de mencionar sería particularmente adecuada para responder a las necesidades, descriptivas y explicativas, de los didactas y los etnógrafos de la escuela. Ésta podría desembocar, en última instancia, en proposiciones más idóneas para responder a las legítimas esperanzas de mejora de la enseñanza. Ahora bien, parecería que las elecciones realizadas en el ámbito praxeológico no procedan de esta voluntad.

---

42 Nos podríamos preguntar, incluso, si esta toma en cuenta es realmente posible. Nosotros suscribimos ampliamente la posición de Guy Brousseau sobre esta cuestión: «El didacta está tan desarmado ante la formación de docentes de escuela como el economista de hacer fortuna en la bolsa» (extracto de una conferencia, a nuestro conocimiento no publicada, dada en Agen en el contexto de un taller nacional sobre el tema de la lectura de los enunciados de los problemas, el 27/01/1994).

F. El contrato didáctico en los modelos prescriptivos: la ideología de la transparencia

«Que el último velo caiga y el secreto se presente, tan complicado como el conjunto de las barreras que lo protegen».
(Serres, 1991).

La mayor parte de los modelos prescriptivos comparten la idea según la cual el contexto puede ser fijado y controlado en modo unívoco.

Este contexto es a menudo concebido como un escenario que se organizará de acuerdo con las normas que se deducirán de las producciones de las investigaciones fundamentales y constituidas como tales con el fin de orientar, de conformidad con los objetivos fijados, las conductas de los actores de la relación educativa.

Con el fin de evitar cualquier confusión, conviene subrayar la diferencia entre estos enfoques y lo que se denomina la pedagogía del contrato. Sin embargo, estas dos corrientes tienen una preocupación común: la optimización y racionalización de las prácticas educativas (Burguière, 1987; Przesmycki, 1994). La diversidad de las acciones emprendidas en el marco de la pedagogía del contrato se sitúan principalmente a nivel de la meta-estructura: contratos educativos locales entre la institución y las colectividades locales, contractualización entre la institución o los docentes y su entorno (las familias, por ejemplo). Excepto la preocupación por la eficacia que hemos señalado, estas diferentes acciones comparten la idea de que la contractualización contribuiría a redefinir, en un modo democrático, el vínculo social, permitiendo una negociación entre los socios de la relación educativa.

Una vez hecha esta distinción, volvemos a la microestructura, el lugar de acción del contrato didáctico. En este ambiente el contrato es considerado como un medio de acción destinado a optimizar el proceso didáctico, tanto reduciendo la incertidumbre asociada a las conductas de los estudiantes, como proponiendo a los docentes las modalidades de acción didáctica que permitirían «optimizar los efectos productores del contrato didáctico» (Robert, 1988, p. 36).

Por lo que pertenece a la primera perspectiva -la más recurrente- podríamos caricaturizar el razonamiento que subyace de la siguiente manera: si las dificultades escolares están relacionadas con un desfase entre las expectativas implícitas del docente y las conductas de los estudiantes, sería suficiente indicar al estudiante, en forma de un contrato explícito, lo que el docente espera realmente de él. Así, Meirieu (1985, p. 156) sostiene

> «[que] es necesario sustituir aquí al contrato tácito y único que unía al docente con toda una clase, por los contratos individuales y diversificados que comprometen a cada estudiante, precisando exactamente lo que se espera de ellos y los soportes sobre los cuales ellos se pueden apoyar».

Esta idea de un contrato explícito procede de una concepción deductiva de la didáctica que se refiere tanto a la psicología cognitiva (Colomb & Richard, 1987; Guidoni, 1988; Descaves, 1992), como a la fenomenología (De La Garanderie, 1987, 1989; Berbaum, 1991), incluso a teorías psicológicas o psico-afectivas (Gagné, 1976; De Ketele, 1986). Así, a fin de optimizar la "eficacia cognitiva", Meirieu (1990) propone gestionar la distancia entre la "personalidad cognitiva" del sujeto y el "comportamiento intelectual" esperado a través de "intervenciones estratégicas" similares a las propuestas por De La Garanderie (1987, p. 66): «se debe ayudarlo a imaginar las solicitudes de otros pidiéndole 'ponerse en su lugar'; se le deberá ayudar a 'hablar en su cabeza'» o a los de Polya (1989, p. 65): «¿Ya has enfrentado problemas de este tipo? ¿Te acuerdas de problemas que, a pesar de su aparente diferencia, tenían una estructura idéntica?». Para nosotros, esto se deriva de una meta-invitación a una dimisión de la responsabilidad pedagógica del docente (efecto Dienes, véase antes). En efecto, permitir al estudiante descontextualizar sus conocimientos constituye justamente una de las tareas del docente. Los verbos comprender, aprender y conceptualizar no pueden ser usados en imperativo. Estas prescripciones paradójicas no hacen más que añadir aún más cláusulas -meta- al contrato didáctico. Se atribuye al estudiante una responsabilidad sin interrogar las posibilidades que tiene de ejercerla. Ahora bien, este procedimiento puede funcionar si el estudiante ya posee el conocimiento que le permite solucionar el problema planteado: en caso contrario solo los efectos Topaze podrán llevar el estudiante a establecer la analogía esperada («¿te acuerdas del problema que hemos hecho...?») y para el estudiante el problema no será más que una simple cuestión de decodificación lingüística y de ejecución algorítmica, pero el verdadero problema, el del sentido, habrá sido absorbido por ¡el artificio!, por no decir el "truco de magia" metacognitivo.

En el mismo orden de ideas, las publicaciones de Paour (1988), las de Cerquetti-Aberkane (1992) o, aún, las del grupo ERMEL, se refieren, a la concepción de Guy Brousseau sobre el contrato didáctico, proponiendo a los docentees «la puesta en práctica del contrato» con el fin de «llevar los estudiantes a tomar conciencia de que, en las actividades de resolución de problemas, las expectativas son específicas» (Colomb, 1991, p. 78). Así también los estudiantes deberán saber que deben: «intentar reflexionar [sic] (no dar la primera respuesta que les "pasa por la cabeza") [...] producir una solución».

Para hacer esto, los autores que son partidarios de esta orientación metacognitiva proponen una serie de actividades,[43] organizadas en módulos, ampliamente inspiradas en los modelos desarrollados en psicología cognitiva y en inteligencia artificial (Bonnet, 1986; Caverni, 1988; Richard, 1990). Estas propuestas son cercanas a lo que Nguyen-Xuan y Grumbach (1988, p. 83) designan como «aprendizaje a través de la explicación» (corriente del enfoque simbólico en inteligencia artificial en la que el aprendizaje es concebido como la generalización de la solución sobre la base de una resolución exitosa). Sin embargo, para seguir

---

43 Se encontrarán algunos ejemplos en: Cauzinille-Marmèche, 1989; Paour, 1988, p. 58; Colomb, 1991; y en la mayor parte de los manuales de matemática posteriores a 1985, pero más especialmente en Peltier *et al.*, 1995, pp. 222-223.

la metáfora informática, en ningún momento se especifica la correspondencia entre la función del motor de inferencia (algoritmo encargado de determinar la pertinencia de la aplicación de las normas en función de los hechos y del conocimiento de base) y las modalidades didácticas que deberían permitir al estudiante reproducir esta función.

Ahora, la dificultad y el sentido de una actividad de resolución se sitúan precisamente a este nivel. Por otra parte, ¿qué deberá indicar el docente al estudiante en el caso de un conflicto de reglas? Tomemos el ejemplo, ya mencionado, de los problemas del tipo «problema edad del capitán». ¿Qué debe hacer el estudiante que sabe la matemática y que cree en la sinceridad didáctica de su docente? ¿No le debe creer y debe rechazar la validez del enunciado propuesto por el docente? ¿No debe responderle, lo que se opondría a la idea misma de ser buen estudiante?, o ¿debe suponer que el defecto del enunciado no es imputable a su responsabilidad pero sí a la de su docente?

Esta aporía exacerba la contradicción hasta entonces oculta en el sistema de reglas iniciales: «tanto es el tiempo que puedo jugar, otro tanto es el tiempo durante el cual yo puedo jugar y todo es en regla, […] porque una contradicción no es contradicción sino a partir del momento en que ella aparece […] [y, en este caso] la regla no me dice nada más», observa L. Wittgenstein (1975, pp. 306-308). Y a este punto la enseñanza no puede hacer nada, porque «tu, de la regla, no entiendes más de cuanto tú mismo puedas explicar» (Wittgenstein, 1983, p. 268). Así mismo el docente no puede garantizar al estudiante la seguridad de hacer aplicaciones siempre correctas de la regla, solo le puede decir: «Yo puedo enseñarte como sigo la línea [la regla]. Yo no presupongo que tú la seguirás como yo, aun cuando la sigas» (*ibidem*, p. 335). Las zonas de sombra no se esclarecen, ellas se desplazan; y la cuestión del sentido desaparece ante la apología del algoritmo, como atestigua esta observación de Cauzinille-Marmèche (1989, p. 282): «El estudiante debe aprender a ser paciente, a aceptar hacer funcionar sus conocimientos aunque no vea inmediatamente toda la pertinencia, el sentido o finalidad, incluso [deberá aprender] a ser menos eficaz a corto plazo».

La hipótesis "meta" se basa en el postulado según el cual la explicitación de las cláusulas del contrato y su formalización en forma de meta-reglas permitirían al estudiante controlar su propio funcionamiento cognitivo. Ahora, como se ha mostrado (Sarrazy, 1994), la transposición didáctica de estos objetos protomatemáticos[44] no es pertinente y lleva a un cambio nulo: «Mientras más cambia, más queda la misma cosa» (Watzlawick *et al.*, 1975). Si el estudiante debe aprender a identificar las expectativas implícitas del docente, nada indica que este aprendizaje puede ser directamente un objeto de enseñanza. Incluso, en el caso de que el estudiante responda a sus expectativas, sería falso creer que él cumple su contrato didáctico: «Estamos [...] en una situación que es comparable a la situación supuesta en el contrato social. Sabemos que no ha habido contrato real, *pero todo sucede como si* un contrato de este tipo se hubiera establecido» (Wittgenstein, 1992, p. 190, cursivo agregado por nosotros).

Es así como la explicitación de las normas no lleva a develar el contrato didáctico, a lo sumo, modifica su trasfondo introduciendo al estudiante y al docente en otro juego más complejo, e inútilmente más complicado, pero igualmente incierto: «Con los permisos y prohibiciones, puedo siempre determinar un juego, pero nunca *el juego*», observa Wittgenstein (1975, p. 308).

Conclusión

Aprender matemática es resolver problemas. Pero ¿Cómo resolverlos si no se aprende previamente la matemática? Es sobre esta aparente aporía que descansa toda la cuestión didáctica. Es por esto que avanzan las dos paradojas constitutivas del contrato didáctico: la paradoja de la devolución y la creencia que nosotros hemos intentado sintetizar con el

---

44 Y. Chevallard los define como nociones movilizadas implícitamente en el contrato didáctico, que designan la capacidad de «reconocimiento de ciertas ocasiones de uso de las nociones matemáticas», una «gestión de la dialéctica semejanza/no semejanza» (1991, p. 52-53).

aforismo: «*Créeme*, dice el docente al estudiante, *osa utilizar tu propio saber y aprenderás*». Esta última conminación debe permanecer implícita; esta no soporta otra legislación diferente al silencio. Se manifestará cuando el estudiante aceptará comprometerse en el problema, aceptando no solo reconocerlo como suyo sino también asumiendo la responsabilidad de sus decisiones. Lo que pone en la obligación aquí al estudiante no es la adhesión a un contrato didáctico -aunque a veces, todo sucede como si docente y estudiante estuvieran haciendo referencia a él- sino el deseo de saber. Si el deseo prescribe, él mismo no se prescribe. Así como no tiene sentido forzar el estudiante a adherirse al contrato. Al contrario se tratará, por parte del docente, de crear las condiciones sociales, afectivas y didácticas para la ruptura del contrato didáctico con el fin de incitar el estudiante a basarse solo en sí mismo para construir, con o sin los otros, sus propios significados. Porque, finalmente será necesario que un día, él continúe solo.

Incertidumbre y conocimiento: he aquí los dos polos dialécticos del contrato didáctico. Ahí es donde residen su fuerza y su debilidad. De esta dialéctica procederá la dinámica del proceso enseñanza-aprendizaje. Linealizar esta dialéctica, como hacen los modelos normativos, o reducirla a la enseñanza de un metalenguaje, lleva a negar la ruptura que vincula sus dos polos. Esta negación lleva a desterrar al sujeto y al saber de la relación didáctica. ¿No sucederá que ciertas ideologías pedagógicas, tratando de acallar el error, conseguirán tan solo generar terror[45] agitando el fantasma del fracaso ante aquellos que no se atienen a sus prescripciones?

Tanto el docente, como el estudiante, estarían obligados a tener éxito. He aquí el engaño "dienesco", del cual hemos intentado mostrar los efectos perversos a través de este panorama sobre el contrato didáctico.

---

45 Expresión que tomamos prestada, sacándola de su contexto, usada por D. R. Duffour (1988, p. 224).

Referencias bibliográficas

AA. VV. (1990). *Dictionnaire de la sociologie.* Boudon R. (ed.). Paris: Larousse.

Abric, J-C. (1989). L'étude expérimentale des représentations sociales. En: Jodelet D. (ed.) (1989). *Les représentations sociales.* Paris: PUF. 187-203.

Adda, J (1985). Pragmatique et questionnement scolaire en mathémati-ques. En: Spoelders M. et al. (eds.) (1985). *Discourse: Essays in educational pragmatic.* Leuven: Acco. 223-230.

Adda, J. (1987). Erreurs provoquées par les représentations. Publication Université de Sherbrooke. Encuentro CIEAEM.

Allal, L., Cardinet, J. & Perrenoud, P. (eds.) (1985). *L'évaluation formative dans un enseignement différencié.* Berne: Peter Lang.

Andreucci, C., & Roux, J.-P. (1989). Présentation pratique et numérique de problèmes de volume: une hypothèse socio-cognitive relative aux différents modes de résolution utilisés. En: Monteil J-M., Fayol M. (eds.) (1989). *La psychologie scientifique et ses applications.* Grenoble: PUG. 275-287.

Arsac, G., & Mante, M. (1989). Le rôle du professeur: aspects pratiques et théoriques, reproductibilité. *Cahiers du Séminaire de Didactique des mathématiques et de l'informatique.* Grenoble: LSD-IMAG. 79-105.

Artigue, M. (1988). Ingénierie didactique. *Recherches en didactique des mathématiques,* 9(3), 281-308.

Artigue, M., & Douady, R. (1986). La didactique des mathématiques en France. *Revue Française de pédagogie.* 76, 69-88.

Balacheff, N. (1988). Le contrat et la coutume: deux registres des inté-ractions didactiques. En: Laborde, C. (ed.) (1988). *Actes du premier colloque Franco-Allemend de didactique des mathématiques et de l'informatique.* Grenoble: La Pensée Sauvage. 15-26.

Balacheff, N., & Laborde, C. (1985). Langage symbolique et preuves dans l'enseignement mathématique: une approche sociocognitive. En: Mugny G. (ed.) (1985). *Psychologie sociale du développement cognitif.* Berne: Peter Lang. 208-223.

Barra, R., & Brauns, E. (1992). Quelques remarques sur les nouveaux postulats en pédagogie el leurs conséquences en mathématiques. *Repères IRFM.* 7, 74-86.

Bastien, C. (1987). *Schèmes et stratégies dans l'activité cognitive de l'enfant.* Paris: PUF.

Bayer, E. (1986). Une science de l'enseignement est-elle possible? En: Crahay M., La Fontaine D. (eds.) (1986). *L'art et la science de l'enseignement*. Bruxelles: Labor. 483-507.

Berbaum, J. (1991). *Développer la capacité d'apprendre*. Paris: ESF.

Blanchard-Laville, C. (1989). Questions à la didactique des mathématiques. *Revue Française de Pédagogie*. 89, 63-70.

Boillot, H., & Le Du, M. (1993). *La pédagogie du vide: Critique du discours pédagogique contemporain*. Paris: PUF.

Bonami, M. (1986). Signification d'une approche descriptive des pratiques d'évaluation en milieu scolaire. En: De Ketele J.-M. (ed.) (1986). *L'évaluation: approche descriptive ou prescriptive?* Bruxelles: De Boeck. 61-67.

Bonnet, C., Hoc, J.-M., & Tiberghien, G. (eds.) (1986). *Psychologie. intelligence artificielle et* automatisme. Bruxelles: Mardaga.

Brossard, M., & Gayoux, J.-C. (1977). Quelques réflexions sur la notion de "handicap culturel". *Psychologie Française*, 22(1-2), 47-53.

Brossard, M. (1981). Situations et significations: approche des situations scolaires d'interlocution. *Revue de phonétique appliquée*. 57, 13-20.

Brossard, M., & Warginer, P. (1993). Rôle de certaines variables contextuelles sur le fonctionnement cognitif des élèves en situation scolaire. *Bulletin de psychologie*. 412, 703-709.

Brousseau, G. (1965). *Les mathématiques du cours préparatoire*. Paris: Dunod.

Brousseau, G. (1972). *Processus de mathématisation. La mathématique à l'école élémentaire*. Paris: APMEP. 428-457.

Brousseau, G. (1980a). Les échecs électifs dans l'enseignement des mathématiques à l'école élémentaire. *Revue de laryngologie, otologie, rhinologie, 101*(3-4), 107-131.

Brousseau, G. (1980b). L'échec et le contrat. *Recherches en didactique des mathématiques*. 41, 177-182.

Brousseau, G., & Perez, J. (1981). *Le cas Gaël*. Université de Bordeaux I: IREM.

Brousseau, G. (1982). *À propos d'ingénierie didactique*. Université de Bordeaux I. IREM.

Brousseau, G. (1984). Le rôle central du contrat didactique dans l'analyse et la construction des situations d'enseignement et d'apprentissage. *Actes du colloque de la troisième Université d'été de didactique des mathématiques d'Olivet*.

Brousseau, G. (1986a). *Théorisation des phénomènes d'enseignement des mathématiques*. Thèse pour le doctorat d'état. Université de Bordeaux I.

Brousseau, G. (1986b). *Le jeu et l'enseignement des mathématiques*. (Allocution au 59ᵉ congrès AGIEM). Bordeaux.

Brousseau, G. (1987). Fondements et méthodes de la didactique des mathématiques. *Etudes en didactique des mathématiques*. Université de Bordeaux I. IREM.

Brousseau, G., & Brousseau, N. (1987b). *Rationnels et décimaux dans la scolarité obligatoire*. Bordeaux: Université de Bordeaux I. IREM.

Brousseau, G. (1988a). Le contrat didactique: le milieu. *Recherches en didactique des mathématiques, 9*(3), 309-336.

Brousseau, G. (1988b). *Perspectives sur la didactique des mathématiques*. IREM de Bordeaux.

Brousseau, G. (1988c). Traitement de la mémoire des élèves dans le contrat didactique. En: Laborde C. (ed.) (1988). *Actes du premier colloque Franco-Allemend de didactique des mathématiques et de l'informatique*. Grenoble: La Pensée Sauvage.

Brousseau, G. (1988d). Didactique fondamentale, Didactique des mathématiques et formation des maîtres. *Actes de l'Université d'été d'Olivet*. Juillet 1988, Bordeaux. IREM. 10-25.

Brousseau, G. (1989a) Utilité et intérêt de la didactique des mathématiques pour un professeur de collège. *Petit x.* 21, 47-68.

Brousseau, G. (1989b). La tour de Babel. *Etude en didactique des mathématiques*. Université de Bordeaux II. IREM.

Brousseau, G. (1991a). L'enjeu dans une situation didactique. *Documents pour la formation des professeurs d'école en didactique des mathématiques*. IREM de Parigi. VII, 147-163.

Brousseau, G., & Centeno, J. (1991b). Rôle de la mémoire didactique de l'enseignant. *Recherches en didactique des mathématiques, 11*(2-3), 167-210.

Brousseau, G. (1994). Perspectives pour la didactique des mathématiques. En: Artigue M. et al. (eds.) (1994). *Vingt ans de didactique des mathématiques en France: Hommage a Guy Brousseau et à Gérard Vergnaud*. Grenoble: La Pensée Sauvage. 51-66.

Bruner, J.S. (1982). Contextes et formats. En: Deleau M. (ed.) (1982). *Langage et communication à l'âge pré-scolaire*. Rennes: Presses Universitaires de Rennes II. 13-26.

Burguiere, E. et al. (1987). *Contrats et éducation: la pédagogie du contrat, le contrat en éducation*. Paris: L'Harmattan.

Catz, T. (1986). La diffusion des résultats de la recherche en éducation. *Revue Française de Pédagogie*. 77, 109-116.

Cauzinille-Marmèche, E., & Weil-Barais, A. (1989). Quelques causes possibles d'échec en mathématiques et en sciences physiques. *Psychologie Français, 34*(4), 277-283.

Caverni, J.- P., Bastien, C., Mendelsohn, P., & Tiberghien, G. (eds.) (1988). *Psychologie cognitive, modèles et méthodes*. Grenoble: Presses Universitaires de Grenoble.

Cerquetti-Aberkane, F. (1992). *Enseigner les mathématiques à l'école*. Paris: Hachette.

Charnay, R., Mante, M. (1992). De l'analyse d'erreur en mathématiques aux dispositifs de remédiation. *Repères-IREM*. 7, 5-31.

Cherkaoui, M. (1989). *Sociologie de l'éducation*. II ed. Paris: PUF.

Chevallard, Y. (1986). Vers une analyse didactique des faits d'évaluation. En: De Ketele J.-M. (ed.) (1986). *L'évaluation: approche descriptive ou prescriptive?* Bruxelles: De Boeck. 30-59.

Chevallard, Y. (1988a). *Sur l'analyse didactique: deux études sur les notions de contrat et de situation*. Aix Marseille: IREM. 14.

Chevallard, Y. (1988b). L'univers didactique et ses objets: fonctionnement et dysfonctionnements. *Interactions didactiques*. Université de Neuchâtel. 9, 9-36.

Chevallard, Y., & Johsuam M.-A (1991). *La transposition didactique: du savoir savant au savoir enseigné*. Grenoble: La Pensée Sauvage.

Clanché, P. (1994). L'enfant et le contrat didactique dans les derniers textes de Wittgenstein. En: Hannoun H., Drouin-Hans A-M. (eds.)(1994). *Pour une philosophie de l'éducation*. Bourgogne: CRDP. 223-232.

Colomb, J., & Richard, J.-F. (eds.) (1987). *Résolution de problèmes en mathématiques et physique*. Paris: Hatier/INRP-ERMEL. 12.

Colomb, J. (ed.) (1991). *Apprentissages numériques et résolution de problèmes: cours préparatoire*. Paris: Hatier/INRP-ERMEL.

Coulon, A. (1988). Ethnométhodologie et éducation. *Revue Française de Pédagogie*. 82, 65-101.

Coulon, A. (1993). *Ethnométhodologie et éducation*. Paris: PUF.

C.R.E.S.A.S. (1981). *Le handicap socio-culturel en question*. Paris: ESF.

Crozier, M., & Friedberg, E. (1981). *L'acteur et le système: Les contraintes de l'action collective*. Parigi: Seuil.

D'Amore, B. (1999). *Elementi di didattica della matematica*. Prólogos de Guy Brousseau, Colette Laborde y Luís Rico Romero. Bologna: Pitagora. [Versión en idioma español: D'Amore, B. (2006). *Didáctica de la Matemática*. Prólogos de Guy Brousseau, Colette Laborde y Luís Rico Romero. Bogotá: Editorial Magisterio. Versión en idioma portugués: D'Amore, B. (2007). *Elementos da Didática da Matemática*. Prólogos de Guy Brousseau, Ubiratan D'Ambrosio, Colette Laborde y Luís Rico Romero. São Paulo: Livraria da Física].

De Ketele, J.-M. (1986). L'évaluation du savoir-être. En: De Ketele J.-M. (ed.). (1986). *L'évaluation: approche descriptive ou prescriptive?* Bruxelles: De Boeck. 178-208.

De La Garanderie, A. (1987). Les processus mentaux dans l'acte de compréhension: contribution à la psychologie et à la pédagogie de l'intuition du sens. *Bulletin Binet Simon*.160, 3-29.

De La Garanderie, A. (1989). *Pédagogie des moyens d'apprendre: les enseignants face aux profils pédagogiques*. Paris: Centurion.

Derquet, J.-L., & Henroit, A. (1987). Approches ethnographiques en sociologie de l'éducation: l'école et la communauté, l'établissement scolaire, la classe. *Revue Française de Pédagogie*. 78, 73-108.

Descaves, A. (1992). *Comprendre des énoncés, résoudre des problèmes*. Parigi: Hachette.

Dienes, Z.P., & Jeeves, M.A. (1967). *Pensée et structure*. Paris: OCDL.

Doise, W., & Mungy, Y. G. (1981). Le développement social de l'intelligence. Paris: Inter Editions.

Douday, R., Artigue, M., & Comiti, C. (1987). L'ingénierie didactique un instrument privilégié pour une prise en compte de la complexité d'une classe. *Actes du congrès PME XI*. Montreal. Eds. J. C. Begeron et al. 222-228.

Doyle, W. (1986). Paradigmes de recherche sur l'efficacité des enseignants. En: Crahay M., La Fontaine D. (eds.) (1986). *L'art et la science de l'enseignement*. Bruxelles: Labor. 435-481.

Drozda-Senkowska, E. (1992). Qui pense le mieux? Les biais cognitifs dans le fonctionnement des groupes. *Bulletin de psychologie*, 45(405), 264-271.

Duffour, D.-R. (1988). *Le bégaiement des maîtres*. Paris: François Bourin.

Dumont. B. (1981). Importance des facteurs linguistiques dans la résolution de problèmes dits "logiques" portant - apparemment.- sur l'implication. *Revue de Phonétique appliquée*. 57, 21-33.

Dumont, M., & Moss, E. (1992). Influence de l'affectivité sur l'activité cognitive des enfants. *Enfance*. 4, 375-404.

Dumont, M. J. (1986). Concepts et modèles dans l'analyse des processus d'enseignement. En: Crahay M., La Fontaine D. (eds.) (1986). *L'art et la science de l'enseignement*. Bruxelles: Labor. 39-80.

Durkheim, E. (1969). *Leçons de sociologie: Physique des mœurs et du droit*. Paris: PUF.

Erny, P. (1991). *Ethnologie de l'éducation*. Paris: L'Harmattan.

Filloux, J. (1974). *Du contrat pédagogique ou comment faire aimer les mathématiques à une jeune fille qui aime l'ail*. Paris: Dunod.

Forquin, J.-C. (1979a; 1979b; 1980). La sociologie des inégalités d'éducation: principales orientations, principaux résultats depuis 1965. *Revue Française de Pédagogie*. 48, 90-100; 49, 87-99; 51,77-92.

Forquin, J.-C. (1982). L'approche sociologique de la réussite et de l'échec scolaire. Inégalités de réussite scolaire et appartenance sociale. *Revue Française de Pédagogie*. 60, 51-70.

Gage, N. L. (1986). Comment tirer un meilleur parti des recherches sur les processus d'enseignement? En: Crahay M., La Fontaine D. (eds.) (1986). *L'art et la science de l'enseignement*. Bruxelles: Labor. 411-433.

Gagné. R. M. (1976). *Les principes fondamentaux de l'apprentissage*. Montreal: HRW.

Genevois, G. (1992). Ethno-psychologie des communications et pédagogie. *Revue Française de Pédagogie*. 100, 81-103.

Gilly, M. (1980). *Maitre-élève: rôles institutionnels et représentations*. Paris: PUF.

Gilly, M. (1988). Interactions entre pairs et constructions cognitives: des travaux expérimentaux de laboratoire au terrain pédagogique. *Journal européen de psychologie de l'éducation*. Numero especial. 127-138.

Gilly, M. (1989). Remarques et réflexions a propos de didactique et de conflit socio-cognitif. En: Bednarz N., Gardiner C. (eds.) (1989). *Construction de savoirs; obstacles et conflits*. Ottawa: Les Editions Agence d'Arc. 382-389.

Gilly, M. (1989). *Mécanismes psychosociaux des constructions cognitives: perspectives de recherche à l'âge scolaire*. En: Netchine-Gryndberg G. (ed.) (1989). *Développement et fonctionnement cognitifs chez l'enfant*. Paris: PUF. 201-222.

Goffman, E. (1974). *Les rites d'interactions*. Paris. Les Editions de Minuit.

Goffman, E. (1991). *Les cadres de l'expérience*. Paris: Les Editions de Minuit.

Grice. H. P. (1979). Logique et conversation. *Communication*. 30, 57-72.

Guidoni, P. (1988). Contrat didactique et connaissance. *Interactions didactiques*. Université de Neuchâtel. 9, 37-42

Huguet. P., Mugny. G., & Perez, J. A. (1992). Influence sociale et processus de décentration. *Bulletin de Psychologie, 45*(405), 155-182.

Huteau, M. (1987). *Style cognitif et personnalité: la dépendance-indépendance à l'égard du champ.* Lille: Presses universitaires de Lille.

Inhelder, B. et al. (1976). *Epistémologie génétique et équilibration.* Neuchâtel-Paris: Delachaux et Niestlé.

Inhelder, B., Cellerier, G. et al. (1992). *Le cheminement des découvertes de l'enfant.* Neuchâtel-Parigi: Delachaux et Niestlé.

IREM Bordeaux I (1978). Etude de l'influence de l'interprétation des activités didactiques sur les échecs électifs de l'enfant en mathématiques (Projet de recherche CNRS). Enseignement élémentaire des mathématiques. *Cahier de l'IREM de Bordeaux I.* 18, 170-181.

IREM de Grenoble (1980). Quel est l'âge du capitaine? *Bulletin de l'APMEP.* 323, 235-244.

Kant, E. (1911). Qu'est-ce que les Lumières?. En: Kant E. (1911). *Vers la paix perpétuelle. Que signifie s'orienter dans la pensée? Qu'est-ce que les Lumières?* Paris: Flammarion. 41-51.

Kone, F (1980). Analyse des situations didactiques à l'aide de la théorie du jeu. *Mémoire de DEA de didactique des mathématiques.* Université de Bordeaux I.

Krummheuer, G. (1988). Structures microsociologiques des situations d'enseignement en mathématique. En: Laborde C. (ed.) (1988). *Actes du premier colloque Franco-Allemand de didactique des mathématiques et de l'informatique.* Grenoble: La Pensée Sauvage. 41-51.

Laborde, C. (1991). Deux usages complémentaires de la dimension sociale dans les situations d'apprentissage en mathématiques. En: Garnier C. et al. (ed.) (1991). *Après Vygotskij et Piaget: Perspectives sociale et constructiviste. École russe et occidentale.* Bruxelles: De Boeck-Wesmael. 29-49.

Laborde, C. (2017). Teaching learning projects and didactical engineering. *La matematica e la sua didattica, 25*(2), Publicación en curso.

Marc, P. (1984). *Autour de la notion pédagogique d'attente.* Berne: Peter Lang.

Marchive, A. (1995). *L'entraide entre élèves à l'école élémentaire: relations d'aide et interactions pédagogiques entre pairs dans six classes de cycle trois*. Vol. 1 et 2. Thèse pour le doctorat de Science de l'Education, Université de Bordeaux II.

Marchive, A. (2011). *Insegnare e apprendere. La pedagogía alla prova della didattica: storia, teorie, ricerche empiriche*. Director de la serie B. D'Amore. Firenze: Giunti

Margolinas, C. (1993). *De l'importance du vrai et du faux dans la classe de mathématiques*. Grenoble: La Pensée Sauvage.

Meirieu, P. (1985). *L'école mode d'emploi: des "méthodes actives" à la pédagogie différenciée*. Paris: ESF.

Meirieu, P. (1990). Guide pour la pratique du conseil méthodologique. *Cahiers pédagogiques*. 284-285, 61-67.

Mollo-Bouvier, S. (1987). De la sociologie à la psychosociologie de l'éducation: ou la délimitation d'un sujet de recherche. *Revue Française de Pédagogie*. 78, 65-71.

Nguyen-Xuan, A., & Grumbach, A. (1988). Modèles informatiques de processus d'acquisition. En: Caverni J.-P. et al. (eds.) (1988). *Psychologie cognitive. modèles et méthodes*. Grenoble: PUG. 55-86.

Nicolet, M., Grossen, M., & Perret-Clermont, A.-N. (1988). Testons-nous des compétences cognitives: contribution psychosociologique à l'analyse de la situation de test à travers l'étude de conduite aux épreuves opératoires piagétiennes. *Revue internationale de psychologie sociale*. 1,72-91.

Noirfalise, R. (1990). Arguments pour un modèle du fonctionnement cognitif en termes de connaissance, métaconnaissances et traitement de l'expérience. *Bulletin de liaison*. Clermont Ferrand: IREM. 41, 29-47.

Paour, J.-L. (1988). Quelques principes fondateurs de l'éducation cognitive. *Interactions didactiques*. Université de Neuchâtel. 8, 45-62.

Peltier, M.-L., Bia, J., & Marechal, C. (1995). *Le nouvel objectif calcul CM1*. Paris: Hatier.

Perrenoud, P. (1982). De l'inégalité quotidienne devant le système d'enseignement: L'action pédagogique et la différence». *Revue européenne des sciences sociales, 20*(63),87-142.

Perrenoud, P. (1984). *La fabrication de l'excellence scolaire*. Genève: Droz.

Perrenoud, P. (1986). L'évaluation codifiée et le jeu avec les règles: aspects d'une sociologie des pratiques. En: De Ketele J. M. (ed.) (1986). *L'évaluation: approche descriptive ou prescriptive?* Bruxelles: De Boeck. 11-29.

Perrenoud, P. (1988). La pédagogie de maîtrise: une utopie rationaliste?. En: Huberman M. (ed.) (1988). *Assurer la réussite des apprentissages scolaires.* Neuchâtel: Delachaux & Niestlé. 198-234.

Perrenoud, P. (1994). *Métier d'élève et sens du travail scolaire.* Paris: ESF.

Perret Clermont, A.-N. (1981). *La construction de l'intelligence dans l'interaction sociale.* Berne: Peter Lang.

Perret Clermont, A.-N., Schubauer-Leoni, M.-L., & Grossen, M. (1991). Interactions sociales dans le développement cognitif: nouvelles directions de recherche. *Cahiers de psychologie.* 29, 17-39.

Perrin-Glorian, M.-J. (1994). Théorie des situations didactiques: naissance, développement, perspectives. In: Artigue M. et al. (eds.) (1994). *Vingt ans de didactique des mathématiques en France: Hommage a Guy Brousseau et Gérard Vergnaud.* Grenoble: La Pensée Sauvage. 97-147.

Piaget, J., & Garcia, R. (1987). *Vers une logique des significations.* Genève: Murionde.

Plaisance, E. (1989). Echec el réussite a l'école: l'évolution des problématiques en sociologie de l'éducation. *Psychologie Française,* (1)34-4, 229-235.

Politzer, G. (1979). Pour une étude de l'activité didactique de l'enseignant: analyse de la formulation de règles. *Revue Française de Pedagogie.* 35, 33-37.

Polya, G. (1989). *Comment poser et résoudre un problème.* Parigi: Dunod. Primera edicción 1945.

Postic, M. (1979). *La relation éducative.* Paris: PUF.

Przesmycki, H. (1994). *La pédagogie de contrat.* Paris: Hachette.

Py, J., & Somat, A. (1991). Normativité, conformité et clairvoyance: leurs effets sur le jugement évaluatif dans un contexte scolaire. En: Beauvois J.-L., Joule R.-V., Monteil J.-M. (eds.) (1991). *Perspectives cognitives et conduites sociales.* T.3. Cousset: Delval.

Reuchlin, M., & Bacher, F. (1990a). *Les différences individuelles dans le développement cognitif de l'enfant.* Paris: PUF.

Reuchlin, M. (1990b). *Les différences individuelles dans le développement conatif de l'enfant.* Paris: PUF.

Reuchlin, M. (1991). *Les différences individuelles à l'école.* Paris: PUF.

Richard, J.-F. (1990). *Les activités mentales.* Paris: Armand Colin.

Robert, A. (1988). Une introduction à la didactique des mathématiques (à l'usage des enseignants). *Cahier de didactique des mathématiques.* 50, Université de Paris VII: IREM. 49.

Rosenthal, R., & Jacobson, L. F. (1971). *Pygmalion à l'école: l'attente du maître et le développement intellectuelle des élèves.* Paris: Casterman.

Rousseau, J.-J. (1966a). *Du contrat social.* Paris: Garnier-Flammarion.

Rousseau. J.-J. (1966b). *Emile ou de l'éducation.* Paris: Garnier-Flammarion.

Salin, M.-H. (1976). *Le rôle de l'erreur dans l'apprentissage des mathématiques à l'école primaire.* Mémoire de DEA. Bordeaux: IREM.

Sarrazy, B. (1994). Peut-on formaliser les procédures de résolution des problèmes d'arithmétique à l'école élémentaire? *Les sciences de l'éducation pour l'ère nouvelle.* 3, 31-54.

Schiff, M. (1991). La psychologie, science "handicapée": les recherches relatives aux apprentissages. *Bulletin de psychologie,*44(400), 200-206.

Schubauer-Leoni, M.-L. (1986a). *Maître-élève-savoir: analyse psycho-sociale du jeu et des enjeu de la relation didactique.* Thèse de doctorat de la faculté de Psychologie et de Sciences de l'Éducation de Genève.

Schubauer-Leoni, M.-L. (1986b). Le contrat didactique: un cadre interprétatif pour comprendre les savoirs manifestés par les élèves en mathématiques. *Journal Européen de psychologie de l'éducation.* Numero especial. 1-2, 139-153.

Schubauer-Leoni, M.-L. (1988b). Le contrat didactique dans une approche psycho-sociale des situations d'enseignement. *Interactions didactiques.* Université de Neuchâtel. 8, 63-75.

Schubauer-Leoni, M.-L. (1988c). Le contrat didactique une construction théorique et une connaissance pratique. *Interactions didactiques.* Université de Neuchâtel. 9, 67-81.

Schubauer-Leoni, M.-L. (1989). Problématisation de notions d'obstacle épistémologique et de conflit socio-cognitif dans le champ pédagogique. En: Bernarz N., Gardiner C. (eds.)(1989). *Construction des savoirs: Obstacles et conflits.* Ottawa: Agence d'ARC, 350-363.

Searle, J. R. (1982). *Sens et expression: Etudes de théorie des actes du langage.* Paris: Les Editions de Minuit.

Serres, M. (1991). *Le Tiers-Instruit.* Paris: Gallimard.

Sirota, R. (1987). Approches ethnographiques en sociologie de l'éducation: l'école et la communauté, l'établissement scolaire, la classe. *Revue Française de Pédagogie.* 80, 69-97.

Sirota, R. (1988). *L'école primaire au quotidien.* Paris: PUF.

Sirota, R. (1993). Le métier d'élève. *Revue Française de Pédagogie.* 104, 85-108.

Smedslund, J. (1977). La psychologie de Piaget et la pratique. *Bulletin de Psychologie, 30*(327), 364-368.

Stengers, I. (ed.) (1987). *D'une science à l'autre: des concepts nomades.* Paris: Seuil.

Testu, F. (1986). Dépendance et indépendance à l'égard du champ, intelligence et performances verbales et non-verbales. *Bulletin de Psychologie, 38*(372), 901-907.

Van Haecht, A. (1990). *L'école à l'épreuve de la sociologie: questions à la sociologie de l'éducation.* Bruxelles: De Boeck-Wesmael.

Vergnaud, G. (1981). Jean Piaget: quels enseignements pour la didactique? *Revue Française de Pédagogie.* 57, 7-14.

Vinrich, G. (1976). *Dépendances: chérence et interprétation des décisions du maître relatives à l'ordre de présentation des activités mathématiques.* Mémoire de DEA, Bordeaux I IREM.

Watzlawick, P. et al. (1975). *Changements, paradoxes et psychothérapie.* Paris: Seuil.

Weber, M. (1992). *Essais sur la théorie de la science.* Paris: Plon.

Witkin, H. A., Moore C. A., Goodenough, D. R., & Cox, L. W. (1978). Les styles cognitifs "dépendant à l'égard du champ" et "indépendants à l'égard du champ" et leurs implications éducatives. *L'orientation scolaire et professionnelle, 7*(4), 299-349.

Wittgenstein, L. (1961). *Tractatus logico-philosophicus* (Suivi des *Investigations philosophiques).* Paris: Gallimard.

Wittgenstein, L. (1965). *Le cahier bleu et le cahier brun: Etudes préliminaires aux aux «Investigation philosophiques».* Paris: Gallimard.

Wittgenstein, L. (1975). *Remarques philosophiques.* Paris: Gallimard.

Wittgenstein, L (1976). *De la certitude.* Paris: Gallimard.

Wittgenstein, L. (1983). *Remarques sur les fondements des mathématiques.* Paris: Gallimard.

Wittgenstein, L. (1992). *Les Cours de Cambridge 1932-1935.* Mauvezin: Trans-Europ-Repress.

Woods, P. (1990). *L'ethnographie de l'école.* Parigs Armand Colin.

EPÍLOGO

La educación matemática: los efectos del "contrato"

Guy Brousseau

Bruno D'Amore, Martha Isabel Fandiño Pinilla, Inés Marazzani y Bernard Sarrazy, los autores de esta notable síntesis, me han pedido acompañarla con alguna reflexión y, si lo quería, con algún añadido. No podía ignorar esta solicitud.

Yo sabía, sin embargo, que volver a mirar mis trabajos después de cuarenta años no era una operación sin riesgos y sin dificultad, especialmente porque de una parte el tema del contrato didáctico ha sido objeto de una abundante literatura y de otra un cierto número de mis trabajos, antiguos o recientes, no han sido publicados o se publicaron mal. Acepto el reto con la esperanza de que algunas de mis reflexiones podrán ser de interés para los lectores de esta obra.

La historia del contrato didáctico es una sola junto con la historia de mi enfoque de la didáctica de la matemática. Esta puede ser dividida en tres períodos.

El primero (1968-1978) es testigo de la aparición y establecimiento de todos los elementos de un estudio experimental y teórico de la relación didáctica, donde la enseñanza de la matemática está basada en una actividad creativa de los estudiantes que reproducen la actividad de los matemáticos, más que única y exclusivamente en la comunicación directa de sus saberes académicos. Esta concepción –que hoy se llama teoría de las situaciones matemáticas- juega un papel esencial en el cuestionamiento de las obligaciones de los participantes en el proceso educativo. Esta confluye en una comunicación en la cual describo los efectos del uso desconsiderado de las evaluaciones estandarizadas en masa sobre las prácticas de los docentees y donde se preveían sus efectos sobre los resultados de los estudiantes.

Durante el segundo período (1978-1998) nuestras experiencias[46] nos han obligado a precisar las relaciones de los participantes de nuestro centro de observación. En esta ocasión es puesta a prueba la vieja idea según la cual la relación pedagógica podrá estar representada por una especie de contrato social. El estudio teórico mostraba que no. La enseñanza se basa en una *intimación paradójica* (Bateson, 1981) que no se puede resolver por contrato (Brousseau & Otte, 1991). Charlie Chaplin nos da un ejemplo de esto en *El circo* cuando el director dice a Charlot: «Sé cómico». La observación muestra que, a causa de la interpretación (implícita) de la relación didáctica en términos del contrato, los docentes perciben los inevitables incidentes de su enseñanza, así como los fracasos y que ellos mismos deben responder a esos fracasos a través de diversos subterfugios. Nosotros hemos demostrado que ninguno de estos incidentes es fundado y que, por el contrario, permiten unos aprendizajes.

Durante la tercera fase (1998-2008) parecía que las reformas y sus consecuencias podían ser efectos de un malentendido general de la sociedad acerca de la posibilidad de un contrato didáctico. Algunos de los subterfugios, principalmente *el abuso de analogía, el deslizamiento meta didáctico, la fragmentación de la enseñanza, la individua-*

---

46 Y probablemente la influencia de la obra de Jeannine Filloux (1974).

lización, nacieron, incorporados y también promovidos por diversas ideologías didácticas. Pero, saliendo del ámbito de la clase, estos subterfugios escapan del control espontáneo de la relación didáctica y hacen naufragar el trabajo de los docentes y los resultados de los estudiantes.

La presente obra está centrada sobre los trabajos del segundo período. Lo prolonga y lo enriquece mucho.

Puede ser interesante para los lectores disfrutar de una breve perspectiva de conjunto personal, aunque el cuerpo de la obra es mucho más detallada.

Puede la educación satisfacer los contratos sociales; ¿cuáles?

El contrato social

La sociedad debe exigir a sus propios jóvenes que aprendan lo que se espera que ellos sepan para ocupar los roles que ella debe ofrecerles. La sociedad delega a los docentes "instructores" el cuidado de llevar a cabo en su lugar y a su nombre la tarea de preparar a los jóvenes para entrar en la sociedad. Los estudiantes deben aceptar cumplir su deber social que consiste en tratar de aprender, al máximo de sus posibilidades concretas, todo lo que se les enseña, aunque se sabe bien que la mayoría de ellos no tendrá nunca personalmente necesidad real de usar la mayoría de estos conocimientos. Sin embargo, todos estos forman la cultura globalmente necesaria para el conjunto de los miembros de la comunidad para el conjunto de sus actividades de producción, de comunicación, de participación cultural, política etc. Enseñar es para ellos un servicio público civil que deben realizar para que la sociedad encuentre, en el momento de necesidad, los talentos que necesita. Es también un servicio privado en la medida en que los conocimientos adquiridos permiten a los individuos obtener posiciones en la sociedad a la medida de su utilidad personal. Estas son las condiciones límite del contrato social relativo a la educación, tal como ha sido concebido en el siglo XVIII.

Pero resulta que el éxito real del proyecto didáctico depende de la adaptación del conjunto de las ofertas de empleo en la distribución de los estudiantes al salir de la escuela. Ahora, la ética de la enseñanza pretende que el docente siempre esté tratando de hacer emerger la mejor versión de cada estudiante, lo que nos lleva, casi con toda seguridad, a una distribución gaussiana sobre todos los criterios escolares de éxito. Ahora, la demanda social profesional no tiene ninguna razón de ser y de permanecer ajustada a dicha oferta (Brousseau, 1968).[47] Por ejemplo, la distribución de las ofertas de empleo en relación con el número de años de estudio es bastante bimodal. Es más, la oferta de posiciones sociales o de beneficios no está estrechamente ligada a la utilidad social o la calidad de los conocimientos adquiridos.

De esta ética resulta una no adaptación de la cual se imputa la responsabilidad al contrato social relativo a la educación.

El contrato privado

A esta concepción social de la educación se opone, entonces, una concepción individualista de la educación reproducida sobre prácticas comerciales. El docente se convierte en un "docente" que imparte una instrucción y/o una educación según la demanda. El docente se dirige a una clase, modelo reducido de la sociedad, y puede encaminarla a las prácticas sociales de la cultura y del saber. El docente ideal, en la nueva perspectiva, es un tutor, enseña a un único estudiante los textos del saber. Como el esclavo pedagogo de la antigüedad, él está únicamente al servicio de quien lo alimenta.

Pero también está sujeto a la ley del mercado y a una evaluación individual de su propio trabajo. Por lo tanto, el único criterio se convierte en el éxito individual del estudiante. Desgraciadamente *este éxito no puede realmente apreciarse sino mucho tiempo después de las acciones que lo determinan.* Se desarrollan, en consecuencia, ideas y técnicas de

47 [Este artículo de 1968 inauguró las reflexiones del autor sobre el tema del contrato].

enseñanza basadas en evaluaciones continuas del trabajo del docente y del estudiante. Poco a poco, el ejercicio de las opciones y las decisiones lleva al público a legitimar cada vez más explícitamente una *exigencia de resultados individuales* casi a diario en materia de enseñanza.

Este comportamiento no tiene ningún valor en la medida en la cual una ciencia de fenómenos didácticos sea capaz de garantizarla. Este no es el caso. Los conocimientos científicos actuales nos permiten constatar los resultados, pero no proporcionan los protocolos que permitirían tomar las decisiones controladas, como es el caso en Medicina, gracias a la Biología. En estas condiciones, en las cuales es imposible imponer a la enseñanza una obligación de medios, imponerle una obligación de resultados es totalmente ilegal y absurdo. Declarar que los resultados no son satisfactorios revela una ideología tiránica. Y, después de treinta años, los métodos de gestión importados de las prácticas comerciales no han cesado de mostrarse no solo ineficaces sino incluso catastróficos. Lo peor está en el hecho de que los fracasos de la sociedad en materia de educación son continuamente denunciados como "fracasos de la escuela", en un proceso similar al que en un tiempo se atribuía las enfermedades como consecuencia de los errores de los enfermos.

Esta política es de otra parte tan desastrosa que al mismo tiempo el mundo científico se abstiene de desarrollar los conocimientos necesarios para el beneficio de investigaciones periféricas en las disciplinas tradicionales.

La adaptación de la escuela a una distribución bimodal de la sociedad tiende a crear una sociedad con dos culturas científicas, incapaz de debatir democráticamente las cuestiones esenciales. La idea de que se tendrán para el joven humano dos modos de adquisición de un "mismo" conocimiento matemático, basado en una determinación social de su origen y de su futuro, es chocante y censurable desde el punto de vista matemático, epistemológico, psicológico y didáctico. El proyecto humanista del programa de los años 70 quería responder a este problema.

El primer intento: las situaciones matemáticas (1965-1978)

La enseñanza es tradicionalmente concebida sobre el modelo de una *enculturación* (Bishop, 1991),[48] es decir, una adaptación de textos revelados destinados a ser accesibles a una población. En el caso de la matemática se trata, evidentemente, de una adaptación -una transposición didáctica- de textos científicos. La gran reforma de la enseñanza de la matemática en Francia en los años 60, diseñada por la comunidad matemática después de que la anterior rigió por al menos un siglo, era conforme a este esquema. Algunos miembros muy activos en los IREM (Institutos de Investigación en Educación Matemática) fueron llevados a probar los límites de la posibilidad de enculturación. Pareció preferible considerar la enseñanza y la formación de los docentes como *aculturación*[49] de la población a la actividad de la comunidad de los matemáticos, es decir, como un proceso de contacto entre dos poblaciones extranjeras.

En esta perspectiva, enseñar ya no consistía más en interpretar y transmitir un texto, sino más bien, en suscitar las condiciones que conducirían a los estudiantes a comportarse como los matemáticos.

El esbozo de una *teoría de las situaciones y de los procesos matemáticos* apareció en 1970; en una conferencia en el congreso de la Asociación de Docentes de Matemáticas de la enseñanza pública (Brousseau, 1972a, b), demostré que las nociones matemáticas pueden ser conocidas por los estudiantes como respuestas espontáneas a situaciones bien elegidas. Esta idea no es nueva en absoluto, pero el artículo está acompañado de ejemplos de situaciones que se prestan para ser utilizados en el aula. Estas situaciones debían suscitar, por parte de los estudiantes, la puesta en práctica de conocimientos, formulaciones y pruebas, haciéndolos converger

---

48 Enculturación es un término religioso (cristiano) utilizado para designar el modo de adaptar los textos sagrados (el anuncio del Evangelio) en una cultura dada.

49 Enculturación y aculturación son las denominaciones más cómodas pero muy posteriores a los hechos que se vienen relatando aquí.

posteriormente hacia la ciencia canónica deseada. Este proyecto tenía justificaciones psicológicas, epistemológicas y antropológicas apreciables. Inspirado en el constructivismo de Piaget, difiere considerablemente de este en el sentido de hacer aparecer el aprendizaje no solamente como una adaptación a un entorno sino como una especie de *aculturación*. Los estudiantes de una misma clase adoptarán un comportamiento similar al de una sociedad de matemáticos. Reniega, desde el momento que se ha adecuado, *la transmisión clásica del saber*, aquella que funciona con el modelo de la enseñanza de los textos sagrados. El arte didáctico en esta perspectiva consiste, simplemente, en una *enculturación*, una adaptación de estos textos para ponerlos "al alcance" de sus destinatarios, seguido de una enseñanza dogmática o socrática de estos textos.

La creación y la observación de situaciones nuevas

La creación de un Centro de Observación y de Investigación sobre la enseñanza de la matemática en 1973, en torno a una escuela de primaria y de primera infancia formada por 14 clases, permitió un extraordinario lanzamiento de estas investigaciones y permitió escapar, por primera vez, de las obligaciones habituales contrarias al respeto de una práctica científica y a la ética de la enseñanza dirigida a los niños.

Los modelos de *situaciones matemáticas* han permitido, por una parte, concebir procesos de enseñanza más rápidos y más eficaces para todas las nociones deseables para la enseñanza primaria, y por otra parte, estudiar su consistencia en el marco de una *teoría unitaria*.

Durante los siguientes diez años, seguimos estudiando las situaciones matemáticas con la idea de que el docente no era más que aquel que las pone en escena. El estudio de esta puesta en escena abrió el camino al descubrimiento de las paradojas del aprendizaje y a un replanteamiento completo de nuestras concepciones sobre este tema que ha llevado a una teoría de las situaciones didácticas o, más bien, a la inclusión de las situaciones matemáticas en las situaciones didácticas, estas mismas específicas del conocimiento.

La oposición teórica entre enculturación y aculturación no conduce a una exclusión de la una o de la otra. Nuestros curriculos presentaban también las fases de enculturación en las cuales, al ser develado y comprendido el sentido del objetivo del docente, los estudiantes se apropiaban de los textos canónicos en las formas de aprendizaje clásicas. Su estudio nos ha hecho declarar que el supuesto contrato de enculturación era indispensable pero que no era más que una ilusión, un mito y, al límite, de un abuso de confianza.

Las diferencias se hicieron más visibles en nuestro experimento.

En la enseñanza "por enculturación", el saber entregado debe ser puesto en evidencia, en la medida de lo posible, desde el comienzo de la acción didáctica y durante todo el tiempo de aprendizaje, lo que permite posteriormente identificar el éxito o fracaso del aprendizaje y, finalmente, el de la enseñanza.

Por el contrario, en nuestro modelo el saber no es identificable como puesto en juego sino en un momento suficientemente tardío del proceso. El docente no puede revelarlo anticipadamente sin correr el riesgo de romper el juego y el desarrollo de los conocimientos que lo acompañan. Tales conocimientos no institucionalizables, inestables y evanescentes son los imprescindibles compañeros del proceso de comprensión y de aprendizaje del saber depositado en los textos. Para no inducirlos o para no hacerlos inútiles, las intenciones del docente deben permanecer necesariamente ocultas a los estudiantes durante una gran parte del proceso. La utilización de los conocimientos es interpretada al mismo nivel que la del saber como si fueran una misma cosa, pero éste no se revela en seguida. Como en la actividad matemática -su modelo-, la organización canónica de los saberes es la última fase del proceso. Esta prudencia es contraria a las prescripciones de la didáctica clásica donde, a menudo, el saber se expone, antes de ser admisible.

Pero la experimentación ha puesto en evidencia -y la teoría también ha explicado- una insuficiencia de los procesos radicalmente constructivistas. El docente[50] debe intervenir para dar a los conocimientos, después de que éstos han aparecido en la clase a través de su uso, el estatuto cultural de referencia institucional. Dicho de otro modo, un conocimiento -incluso si es demostrado-, no es un saber. Para tener la función de un saber, este debe ser identificado como una referencia válida para los estudiantes y para la sociedad, y debe ser reconocido como objeto de la enseñanza. Integrar oficialmente esta etapa de *institucionalización* en nuestros curriculos permite entonces obtener resultados muy satisfactorios y reproducibles.

Cuando estudiaba, con mi colega Jacques Pérès, las dificultades en matemática de algunos estudiantes, que por otra parte eran normalmente dotados en otras disciplinas (estudiantes llamados "discalculicos"), me apareció que algunas de estas dificultades podían explicarse haciendo referencia a ciertas divergencias persistentes entre las expectativas del docente y las de los estudiantes. Haciendo evolucionar implícitamente pero conscientemente estas expectativas, hemos llegado a hacer desaparecer las dificultades de Gaël. El "caso Gaël" (citado varias veces en este libro), me permitió, en consecuencia, explicar otras experiencias como las del IREM de Grenoble donde los niños respondían a los problemas absurdos con respuestas que ellos sabían absurdas, en función de las expectativas habituales de los docentes. Otra experiencia muestra que el hecho se producía también con los adultos.

El descubrimiento de los obstáculos epistemológicos y didácticos en matemática (Brousseau, 1978) reforzó el dilema, demostrando que el orden lógico de los textos, basado en el contrato de enculturación, creaba inevitablemente -y no podía resolver positivamente- algunas dificultades de aprendizaje. ¿Es necesario seguir el ordenamiento definitivo de los conocimientos o por el contrario seguir una génesis más conforme con su desarrollo?

---

50 Fue Nadine Brousseau quien elaboró la reflexión que contribuiría a su demostración.

La observación de las fases didácticas (asignación e institucionalización); las paradojas del contrato

Que el docente y los estudiantes dispongan de expectativas y de exigencias de los unos hacia los otros es por demás obvio: ninguna relación didáctica puede establecerse si el docente no cree que el estudiante pueda aprender, y si el estudiante no cree que el docente le enseñe alguna cosa. Que estas expectativas tengan que ser necesariamente defraudadas y que sea necesario reinterpretarlas para lograr los resultados admisibles, como vemos, era más singular y necesitaba de pruebas. Que los socios se comporten como si existiese un contrato verdadero con compromisos y cláusulas de ruptura y, por tanto, traten de imponerse sanciones, planteaba sin duda un problema de legitimidad, y las consecuencias de este insólito enfoque del aprendizaje merecía investigaciones exhaustivas a profundidad.

Hemos demostrado que las expectativas mutuas no pueden tomarse literalmente como base de sanciones no simbólicas y que se trata de un pseudo contrato, un fantasma de contrato, aún cuando los contratantes deberán creerse comprometidos.

Sea cual sea el procedimiento didáctico, el estudiante no puede comprometerse en un contrato relativo a la adquisición de un saber, sino hasta después de habérselo apropiado.

Por otra parte, teóricamente, el docente -sea cual sea su método-, no puede saber si sus estudiantes, o cuáles entre ellos, se han apropiado o no del saber mostrado. Las situaciones de aculturación determinan los conocimientos que deben aprender y estas permiten a quien las examinará la oportunidad de probarlos y de retenerlos. Estas situaciones no provocan la aparición efectiva de los conocimientos ante estudiantes individuales sino con cierta probabilidad. Pero la integración de una situación semejante en un proceso colectivo hace aumentar muy significativamente la probabilidad de éxito de cada participante y su uso frecuente puede hacer que sea casi seguro.

El aprendizaje de los textos ayuda a su comprensión y su utilización, pero no lo determina del todo, no en todos los estudiantes.

Entonces, ¿cómo se podrán suscribir por anticipado en un contrato sobre algo que aún no se puede conocer?

Tal contrato no puede existir en tanto se fundamenta solo en ilusiones y, en consecuencia, no puede aparecer finalmente sino hasta el momento de su ruptura. El estudiante aprende algo diferente de lo que él se esperaba y el docente no obtiene todo lo que esperaba.

Por otra parte, aprender conduce inevitablemente a cambiar de punto de vista y de conocimiento. El conocimiento enseñado es una revelación y una renuncia a los conocimientos previos. El estudiante que no acepta ser sorprendido o contradicho por lo que aprende, no puede aprender. Las formas fosilizadas de un contrato universal, sin relación con el saber mostrado, no pueden más que esterilizar la enseñanza. Ahora, sin embargo, la enseñanza funciona y algunos estudiantes aprenden…

Los tipos de contrato. Lo dicho, lo no dicho y lo indecible

Hemos inferido que lo esencial de la relación didáctica pasa por un sutil equilibrio entre lo que es dicho, lo que no es dicho y lo que se da por entendido, un juego entre lo que es diseñado y lo que es deseado, entre lo que es esperado y lo que se ha prometido. No se puede esperar ninguna de estas condiciones de fría precisión en un contrato comercial.

La explicitación de distintas paradojas del contrato didáctico nos condujo a querer estudiarlo empíricamente. Enumerar todos los *intercambios posibles de responsabilidades* esenciales entre el docente y los estudiantes permite considerar todos los *"contratos didácticos concretos"* posibles, y ordenarlos. El menos didáctico, el contrato esotérico, consiste en no dejar que se vean los efectos con los que aparece el saber -como hace el ilusionista- sin exponerlos (es la posición de los pitagóricos y la de todos los matemáticos antes de Euclides). En el más didáctico, el docente intenta asumir todas las responsabilidades del proyecto y hacer de su estudiante, cualquiera que sea, una especie de especialista de lo que él sabe (un matemático). Encontramos en este abanico los contratos débilmente pedagógicos que no exigen ninguna interacción directa (la difusión ordenada de enunciados con sus demostraciones, la propuesta de problemas y ejercicios correctos..) y los contratos muy didácticos, en los cuales el docente interactúa con sus estudiantes siguiendo diferentes modalidades.[51]

Las formas de evitar los inevitables fracasos

El estudio empírico de las reacciones de los docentes frente a los errores y los fracasos de sus estudiantes, diseñado a partir del inicio del proyecto del COREM (Centre d'observation et de recherches sur l'enseignement - Centro de observación y de investigación sobre la enseñanza) debió esperar a que fueran creadas las condiciones necesarias. Este inicia a finales de los años 70 y fue comunicado en 1983, bajo el nombre "efectos del fracaso del contrato". Se trataba de un inventario de medidas adoptadas por los docentes, observadas y clasificadas en un sistema exhaustivo.

La obra presentaba algunos ejemplos nuevos y muy reveladores sobre los principales "efectos" que nosotros habíamos identificado:[52]

---

51 Esta clasificación ha sido publicada tardíamente, en el "Curso de Montreal" en 1995. (http://pagesperso-orange.fr/daest/guy-brousseau/textes/TDS_Montreal.pdf).

52 Debo a este respecto hacer enmiendas por motivos de honestidad. La denominación de algunos de estos efectos mediante el nombre de investigadores prestigiosos quienes presentaron dichos procesos como soluciones a los problemas de aprendizaje es del todo ilegítima. En ciencias –en contraposición a la matemática- es usual vincular el nombre de los científicos a los fenómenos que ellos han explicado y no a los errores que ellos han podido cometer. Yo he utilizado estos nombres en la intimidad de una escuela estatal, ellos han tenido inmediata difusión y yo me he quedado prisionero. Es un error del cual soy culpable y del cual me arrepiento profundamente.

1. La ilusión empirista o naturalista (confundir el objeto con sus conocimientos y con el saber correspondiente).
2. La aceptación de una respuesta banal, sin valor, como una respuesta culta (Jourdain).
3. La reducción de la incertidumbre del estudiante a través de la manipulación de la cuestión, hacer un recorte, un cambio de registro etc. hasta dictar la respuesta (efecto Topaze).
4. La repetición idéntica de la enseñanza.
5. El proceso del estudiante.
6. La segmentación de la clase, es decir, la repetición de la enseñanza con los estudiantes con dificultades, por grupos de nivel o incluso individualmente.
7. El abuso de la analogía (la comparación es presentada como razón) (Z. Dienes).
8. La fragmentación de la enseñanza o de sus objetivos en solicitudes/preguntas (la descomposición de los objetivos, la desintegración o desmoronamiento).
9. El deslizamiento meta didáctico (Polya, Papy); la enseñanza reducida al texto.
10. La interpretación de las respuestas como errores, de los errores como equivocaciones, de las equivocaciones como fracasos…, la transformación de los problemas en ejercicios, de los ejercicios en pruebas…
11. La reducción de los aprendizajes, la reducción del aprendizaje final.
12. La regresión analítica y formal (conocimientos, saberes, objetivos, competencias).
13. El repliegue sobre los objetivos de bajo nivel (Bloom), el problema de digerir el aprendizaje debido a la multiplicación de las fases formales.
14. La evaluación reducida, la fragmentación de los aprendizajes.
15. El abandono provisional o definitivo del proyecto de enseñanza.
16. El proceso de los contenidos o de la disciplina.

Hoy preferiría distinguir tres grupos de efectos: los que son practicados espontáneamente, esencialmente y de manera rutinaria por los docentes que siguen estrategias varias retóricas, oportunistas y furtivas. Parecen ridículos, pero son, de hecho, imprescindibles y aparecen sin grandes consecuencias, son paliativos. Al contrario, encontramos como otro tipo de efecto, las decisiones sistemáticamente aplicadas a través de las instituciones en respuesta a demandas políticas y económicas; su interés para la enseñanza y para los estudiantes no se ha comprobado (establecido, fundado). Cara a cara con la opinión pública, la respuesta es impuesta por la ignorancia y la falta de cultura general a propósito de la enseñanza. Está basada en el método que Gengis Khan aplicaba en meteorología: recompensaba o castigaba a sus adivinos, en función de sus resultados. Es la más comprensible, la más moderna y la más liberal de las respuestas, pero no la más favorable.

Por último, los efectos del tercer grupo son practicados y propuestos a veces por unos, a veces por otros. A pesar de sus caracteres ambiguos o francamente falaces, estos son propuestos, sugeridos o solicitados a veces por los docentes, que desean que la administración les dé los documentos que los liberen de una duda permanente de adecuación y una responsabilidad que se convirtió en insoportable.

Las mismas respuestas son remitidas, sistematizadas, sugeridas u ordenadas a los docentes por los responsables conminatorios que se aferran a teorizaciones sumarias y absurdas. Este tercer tipo es el más devastador y el más difícil de controlar. Los vínculos sociales y económicos, reales o verdaderos, ligados a estos, hacen muy difícil el control y el desarraigo de los errores, incluso los evidentes (por ejemplo, la exigencia de la regularización de la numeración oral que se prolonga en Francia por 250 años; crea problemas a los más pequeños a causa de la variación de la construcción de los nombres de los números, después de 60, con 70, sesenta-diez, y 80, cuatro-veinte).

Cada una de estas estratagemas es habitualmente utilizada por los docentes con éxitos variables. Nuestra demostración de que ninguno entre estos podía ser una solución sistemática de la situación didáctica no tenía por objeto el de desacreditar las prácticas de los docentes. Hay que abordar el estudio de las prácticas de clase con medios antropológicos. El hecho de que existan efectos y que se practican cada día por miles de docentes, independientemente unos de los otros, muestra que estos presentan propiedades interesantes que les dan el estatus de "hechos". Se trata de descubrir y explicar este interés (por razones diferentes al simple hecho de que son utilizados).

Los primeros efectos de estos "evitamientos"

El interés de este inventario era en principio el de mostrar que ninguno de estos subterfugios podía constituir una base sólida para justificar la creencia en un contrato real utilizable. Esto podría haber concluido el estudio teórico del contrato didáctico, pero el hecho de que todo contrato didáctico no podía ser más que ficticio y "roto" reclamaba nuevas investigaciones.

Estos evitamientos no son independientes, ellos reaccionan los unos sobre otros y son causas de evoluciones rápidas e incontrolables de las prácticas y de los resultados de la enseñanza.

En caso de fracaso, los docentes y los estudiantes podrían considerar el que se referirán al estado anterior: el abanico de decisiones se presenta de nuevo inalterado. La mayor parte del tiempo, los docentes no reproducen inmediatamente la solución *no correcta* a la cual han llegado y cambian su decisión, lo que permite a menudo a algunos estudiantes saltar del fracaso al éxito.

Pero mientras algunas soluciones como el abandono, o la aceptación provisional de una solución aproximada, no dejan más que pocas o ninguna huella, otras sí tienen una influencia importante sobre los aprendizajes y las enseñanzas futuras. Estos son principalmente el abuso de analogía, el deslizamiento meta, la descomposición de los objetivos, la segmentación de la clase, el proceso del estudiante…

Tales estratagemas son inspirados por observaciones innegables pero estrictamente limitadas. Su eficacia local evidente ha conducido a algunos teóricos a hacer la apología y a erigirlos en métodos generales. Así la analogía es el fundamento de algunas teorías del conocimiento y del aprendizaje y un elemento importante de la epistemología espontánea de los matemáticos. Enseñar el discurso sobre el objeto de enseñanza en lugar del objeto mismo es una consecuencia directa del modelo de enculturación de los textos sagrados. La segmentación es apoyada por los modelos de aprendizaje individualizado en los cuales el docente es un tutor, el proceso del estudiante o del docente es alimentado por las revelaciones de investigaciones en psicología o en educación que registran como error cualquier divergencia con respecto al saber…

Observamos que todas estas derivaciones están fundamentadas en el origen de decisiones legítimas y sobre observaciones locales. Pero estas no llegan a resultar nefastas solo por el hecho de que no hay nada en la cultura que advierta a los docentes de las consecuencias de su uso repetido. Los conocimientos que permitían confinar su utilización en su dominio de validez no son conocidas. Solamente el estudio científico y la modelización del conjunto de los procesos de enseñanza permite mostrar las consecuencias y los límites. Determinar las condiciones límite de los equilibrios necesarios es también el problema principal de la ingeniería didáctica.

Notamos también que estas decisiones han adquirido ante el público cierta legitimidad, reforzadas por la intervención de diversos ambientes, incluidos los ambientes científicos, algunos muy alejados del dominio de la educación y de la matemática.

Las consecuencias de estas derivaciones no son imaginarias y así como no es imaginaria la incapacidad de las concepciones clásicas para descubrirlas y para controlarlas. En particular cuando sus efectos se combinan (por ejemplo, para aumentar los tiempos de la enseñanza dedicados a un determinado conocimiento).

La mayor parte de estas reacciones de los docentes parece apoyarse en un modelo como el siguiente (que yo llamo el modelo de programación):

— cada episodio de la enseñanza puede ser tratado independientemente de los demás, desde el momento en que se reconoce la adquisición previa de los conocimientos necesarios (¿y suficientes?) determinados (es decir, el proceso es markoviano);

— el modelo debe ser decisivo para un objetivo declarado en términos de saber mostrado (un saber que es aprendido);

— su resultado puede ser evaluado inmediatamente de manera formal;

— este resultado es indispensable para la continuación del currículo (el currículo es programable mediante el método PERT).[53]

Hemos observado que los docentes no aplican estrictamente tales disposiciones programáticas y con razón, puesto que todas conducen a aumentar muy sensiblemente los tiempos previstos para una enseñanza determinada. Por otra parte, es fácil ver que estas condiciones son muy escuetas y a menudo son refutadas por los hechos.

Desafortunadamente distintas condiciones culturales, políticas y sociales han conducido a la opinión pública a adoptar esta concepción, que daba la ilusión de poder comprender y gestionar directamente la enseñanza siguiendo las reglas de la economía del mercado. Progresivamente los poderes públicos han impuesto al sistema educativo la obligación de determinar sus objetivos pormenorizados, para luego "operacionalizarlos" bajo la forma de pruebas de control, y decretarlos como consecuencia de las deficien-

---

53 [El método PERT (Program Evaluation and Review Technique) consiste en el representar en una gráfica un red de acciones cuyo desarrollo permite alcanzar los objetivos de un proyecto. El método implica una sucesión ordenada de pasos: descomposición del proyecto en acciones; estimación de la durada de cada acción; la elección de una persona responsable de cada paso y en general]. Nota redaccional.

cias declaradas "imputables" a los estudiantes y docentes y finalmente (después de 2005 en Estados Unidos) para dar al pueblo el derecho de perseguir individualmente a las instituciones y a los docentes que no alcanzan las cuotas ante los tribunales, al mismo nivel de una ruptura de un contrato comercial.

Los efectos de la presión ejercida sobre los docentes, basada en una interpretación abusiva de ciertos "resultados" escolares, se han hecho sentir desde el comienzo de los años 80. Para preparar mejor a los estudiantes para estas pruebas de evaluación, los docentes las toman al principio como objetivos (los estándares de los años 90 en adelante), luego, progresivamente, los utilizan como medios -y en algunos casos como el único medio– de enseñanza: el estudiante aprende intentando responder a los cuestionarios de las pruebas con la ayuda de un instructor. Estos cuestionarios de evaluación pasan de ser medios de enseñanza a convertirse en el saber mismo reducido a una recopilación de preguntas y respuestas independientes. El estudiante basa sus respuestas mucho más sobre los índices didácticos, heuristicos o sobre sus competencias generales (por ejemplo, la decodificación directa de los fines del enunciado) que sobre su comprensión o sobre sus conocimientos académicos.

La búsqueda de éxitos inmediatos, "rápidos y seguros", lleva a los docentes a utilizar los procedimientos sugeridos por el modelo programático y, en consecuencia, a descartar el trabajo a largo plazo, indispensable en la actividad y en la adquisición de conocimientos de más alto nivel taxonómico. Lo cual tiene como consecuencia la desconexión de los hechos y sus entornos culturales y cognoscitivos y, por tanto, hacer más difícil la adquisición y la comprensión de nuevos conocimientos, incluso las más primarias. La enseñanza se convierte más lenta, más formal, más laboriosa, más individual. El mercado de la educación se apodera del problema y propone las soluciones técnicas que, para venderse, deberán ser ingenuamente acordes al modelo programático.

El aumento del tiempo de enseñanza y de las dificultades de todo tipo no conduce a una revisión del modelo programático sino, al contrario, a un fortalecimiento de las presiones y la coacción. Las medidas aumentan aún más los tiempos de enseñanza y aprendizaje de cada concepto sin mejorar los resultados. Esta retroacción positiva instaura un proceso recursivo que no puede corregir nada. Habría que modificar en forma profunda las concepciones epistemológicas que la generan.

La idea empirista, primitiva y también bárbara, de que debería existir un contrato eficaz que permitiera la gestión comercial de la educación *sin la ayuda de ningún conocimiento científico específico* persiste y se afirma con insolencia, bajo la influencia de los nuevos medios. También se encuentran en ciertos ambientes científicos defensores que rechazan toda idea de investigaciones fundamentales sobre la difusión de los conocimientos. La confusión entre, de una parte la recopilación al alcance de cada uno, de todos los "conocimientos" y las creencias de los seres humanos, y, de otra parte, los conocimientos trabajosamente fatigosamente pesadamente establecidos a través de siglos de reflexiones críticas y de investigación, es la señal de un cambio profundo y rápido de la relación de nuestras sociedades con el "saber" y con su transmisión escolar.

Las apuestas de la micro y de la macrodidáctica

El estudio es, sobre todo, la puesta en evidencia de efectos mecánicos de la insuficiencia de las teorías relativas a la enseñanza y aprendizaje. Es una empresa de una gran complejidad, porque estos efectos se basan en fenómenos muy íntimos observados por la teoría de la micro didáctica, y sus repercusiones sobre los fenómenos relacionados con el comportamiento de enteras organizaciones sociales o económicas, como las estructuras de la educación, las instituciones científicas, los entes económicos, las familias y las distintas comunidades y los estados.

Yo no sé cómo modificar este estado de las cosas. Mi esperanza reside en la capacidad de investigadores que, como los autores de este libro y como atestigua el conjunto de su obra, tienen la voluntad, el poder y la genialidad para la comprensión y la difusión de trabajos en didáctica de la matemática, un campo que está aún en estado inicial.

El recuerdo de esta pequeña historia de mis estudios sobre, como decir, ¿el supuesto?, ¿el pseudo?, ¿el verdadero? "contrato didáctico" muestra hasta qué punto el reto que han asumido los autores de esta obra fue arduo. Quiero destacar una vez más la notable calidad de su trabajo y decirle a sus lectores a qué punto encuentro este contribución útil y bienvenida.

Referencias bibliográficas

Bateson, G. (1981). Communication. En: Winkin (ed.) (1981). *La nouvelle communication*. Paris: Seuil.

Bishop, A. J. (1991). *Mathematical enculturation: A cultural perspective on mathematics education*. Dordrecht, the Netherlands: Kluwer Academic Publishers Groups.

Brousseau, G. (1968). Structures culturelles de la société industrielle et de l'Education. Cahier de Liaison du CREM, n. 9, Octubre. CRDP de l'Académie de Bordeaux.
(http://math.unipa.it/grim/brousseau_socio_03.pdf).

Brousseau, G. (1972a). Le processus de mathématisation. En: Actas del congreso del APM del 1970 a Clermont Ferrand. Publicado en 1972 en: *Les mathématiques de l'enseignement* élémentaire. Número especial del *Bulletin de l'APM*.

Brousseau. G. (1972b). Le processus de mathématisation. Exemple: l'addition des naturels (CP-CE1). En: Actas del congreso del APM en 1970 a Clermont Ferrand. Publicado en 1972 en: *Les mathématiques de l'enseignement élémentaire*. Número especiale del *Bulletin de l'APM*.

Brousseau, G. (1979). Evaluation et théories de l'apprentissage en situations scolaires. Communication au congrès de la section américaine de l'ICME. Campinas, février 1978.

Brousseau, G. (2008). *Ingegneria didattica ed epistemologia della matematica*. Ed. Bruno D'Amore. Bologna: Pitagora.

Brousseau, G., & D'Amore, B. (2008). I tentativi di trasformare analisi di carattere meta in attività didattica. Dall'empirico al didattico. En: D'Amore B., Sbaragli F. (eds.) (2008). *Didattica della matemática e azioni d'aula*. Actas del XXII Convegno Nazionale: Incontri con la matematica. Castel San Pietro Terme, 7-8-9 novembre 2008. Bologna: Pitagora. 3-14.

Brousseau, G., & Otte, M. (1991). The fragility of knowledge. Mathematical knowledge: Its grows through teaching. En: Bishop A., Mellin-Olsen S., Van Dormolen J. (eds.) (1991). *Mathematical knowledge: it's growth throught teaching*. Dordrecht: Kluwer Academic P.

Filloux, J. (1974). *Du contrat pédagogique, ou comment faire aimer les mathématiques à une fille qui aime l'ail*. Paris: Dunod.